儿童房装修设计

熊燕 主编

化学工业出版社
北京

本书编写人员名单：（排名不分先后）

熊　燕	李小丽	王　军	李子奇	于兆山	蔡志宏	刘彦萍	张志贵	刘　杰
李四磊	孙银青	肖冠军	王　勇	梁　越	安　平	马禾午	谢永亮	李　广
黄　肖	邓毅丰	孙　盼	张　娟	李　峰	余素云	周　彦	邓丽娜	杨　柳
穆佳宏	张　蕾	刘团团	陈思彤	赵莉娟	祝新云	潘振伟	王效孟	赵芳节
王　庶	王力宇	叶　萍						

图书在版编目(CIP)数据

家有萌宝——儿童房装修设计/熊燕主编． —— 北
京 ：化学工业出版社，2014.8
ISBN 978-7-122-20965-8

Ⅰ．①家… Ⅱ．①熊… Ⅲ．①儿童-卧室-室内装修 Ⅳ．
①TU767

中国版本图书馆CIP数据核字(2014)第129205号

责任编辑：王斌　邹宁　　　　　　　装帧设计：骁毅文化

出版发行：化学工业出版社(北京市东城区青年湖南街13号　邮政编码100011)
印　　装：北京瑞禾彩色印刷有限公司
710mm×1000mm　1/16　印张10　字数200千字　2014年8月北京第1版第1次印刷

购书咨询：010-64518888 (传真：010-64519686)　　售后服务：010-64518899
网　　址：http://www.cip.com.cn
凡购买本书，如有缺损质量问题，本社销售中心负责调换。

定　　价：　39.80元　　　　　　　　　　　　　版权所有　违者必究

contents

contents

第一部分

最美主题儿童房

由于家中萌娃的性格各有不同，因此儿童房的设计也呈现出千姿百态的需求。不同主题的儿童房可以从各个侧面与细节处暗合着萌娃的喜好与个性，无论是实用型儿童房，还是唯美型儿童房，抑或是自然主题的儿童房，无不体现出家长对孩子的关注与喜爱。

1 实用现代的儿童房

实用现代的儿童房既符合现代人的审美，又能在功能上满足家中萌娃的需求，因此得到很多家长的青睐。现代型的儿童房在色彩上往往比较靓丽鲜艳，多种色彩的搭配可以令宝宝的心情愉悦，此外功能强大的家具也可以为空间带来整洁的容颜。

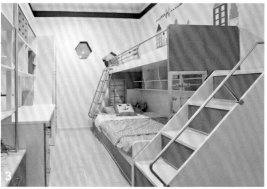

1.房间的空间不大，却功能强大，不仅是宝宝的休息地，而且还包含了收纳及学习、玩耍的功能。

2.组合家具的运用，方便了家中萌娃的日常生活；丰富的色彩令空间显得生动、活泼。

3.母子床的运用有效地节省了空间，橘色系的色彩令家中充溢着浓浓的暖意。

1.儿童房的面积不大，实用功能却很强大，休息区、睡眠区被划分得一目了然。

2.空间集休息、娱乐、学习为一体，可谓是既现代又实用。

3.组合家具的运用有效地节省了空间，并且极具现代感，楼梯下的抽屉为家中的收纳做出了贡献。

4.空间整体呈现出活泼、可爱的氛围，最令宝宝开心的是带有滑梯的儿童床，为日常生活带来无尽的欢笑。

1. 收纳功能强大的家具，让小主人的玩具找到了安家之所，也发挥出其展示功能，丰富了空间的内容。

2. 带有楼梯的小床十分可爱，上半部分为小主人的安睡地，下半部分拥有的收纳功能，让宝宝的玩具与衣物都得到了合理的放置。

3. 儿童房中的灯光与墙面色彩搭配得相得益彰，令空间呈现出满满的温馨；同时床与书柜的收纳功能都很强大。

4. 带有滑轮的床与书柜极具现代感，可以根据需求任意将其安放至合适的位置。

1.儿童房中放置了两张床，作为家中来客时的临时
住所，同时房间还兼具了书房的功能。

2.婴儿房的色彩十分清新，蓝色、绿色与白色的搭配，
令宝宝仿若置身于大自然的新鲜空气中。

3.儿童房的空间布置合理，左侧为放置衣物的大衣
柜，中间为孩子的睡床，右侧为电脑桌及收纳柜，
这样的布置既节省空间，又基本满足了孩子的日常
需求。

1.房间为一个12岁男孩的住所，装饰得简单而现代，也体现出孩子独特与独立的思想。

2.空间中的家具不多，但仅仅是色彩鲜艳的床品，及个性的灯具，就为空间带来十足的现代感。

3.睡床后面的实木柜，既可以用于收纳，也起到了很好的吸声作用。

1.红色的墙面、绿色的窗帘、黄色的地毯，共同为空间营造出靓丽的容颜，墙面上搁物架的设置既丰富了墙面的表情，也起到了很好的收纳功能。

2.大衣柜上的红色印花烤漆玻璃，十分具有现代感，也令人立即觉察到这是一个性格活泼、热爱运动的男孩房间。

3.红色与蓝色的搭配令空间色彩极具律动性；房间中的家具也为空间带来了整齐的容颜。

4.白底红花的窗帘为空间带来生动的表情，而床上的花形抱枕则与窗帘的图案吻合，令居室尽显和谐之感。

1.儿童房中将小主人日常喜爱的玩具进行了有效的收纳，也丰富了空间的表情。

2.房间中手掌造型的沙发提升了居室的现代感，也成为小主人日常读书的好地点。

3.开放式的书柜为小主人喜爱的书籍找到了安身之所；棕色系的运用，对于培养孩子的稳重性格十分有效。

1.卧室背景墙上的手绘图案，为空间带来动感；组合家具的运用，也增加了空间的收纳功能。

2.冷调的色彩令小居室显得现代感十足，也体现出小主人冷静、善于思考的性格特征。

3.空间的色彩对比强烈，棕色为空间奠定了稳健的基调，而蓝色和木色的运用则为空间带来了生动的表情；此外，一组六边形组合柜的运用，令居室更具现代感。

2 自然有氧的儿童房

自然有氧的儿童房不仅可以为家中带来清新的气息，而且儿童置身其中仿若可以感受到自然中沁人心脾的氛围，有助于身心的成长。自然有氧的儿童房既可以是田园及乡村风格，也可以是地中海风格，这些风格都是有氧儿童房的最佳体现。

1.淡雅的黄色系为空间营造出暖暖的基调，椰树图案的窗帘和木色的睡床，为空间注入自然的气息。

2.木质的双层睡床与木地板共同为儿童房营造出自然的气息，而月亮造型的壁灯则令空间更显活泼。

3.灰绿色的墙面、大树手绘及木制的睡床，令空间呈现出乡村旷野般的气息。

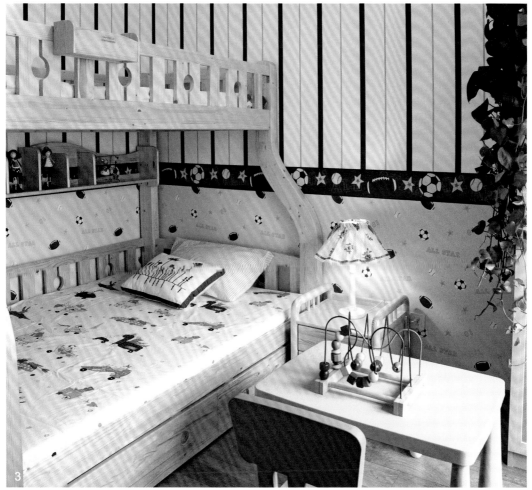

1.绿色的墙面，实木家具及地板，无不令空间散溢出来自乡间的自然气息。

2.儿童房采光明亮，缠绕在窗框上的绿植为空间带来了清新的气息。

3.木制的睡床及若隐若现的绿植都为空间注入了大自然的气息。

1.儿童房角落里的大型绿植不仅可以净化空气，也起到了很好的装饰效果。

2.木制的卧室背景墙不仅吸音效果极佳，而且也令居室呈现出自然的健康姿态。

3.木制的睡床及边柜为居室奠定了乡村风格的基调，藤制的花盆及仿砖纹的壁纸则在细节处暗合着整体空间的表情。

4.颜色清新的床品及健康的绿萝无不为空间营造出清新的氛围。

1. 清新的壁纸和床品令儿童房散溢出清雅的气息，木质边柜上的绿植及可爱的小水壶则令空间更显生动、活泼。

2. 极具田园风情的儿童房为居室带来清新、健康的姿态。

3. 绿色的墙面、仿古地砖，造型感极强的窗户，为儿童房打造出浓郁的田园氛围。

1.碎花图案的沙发床及色彩清新的壁纸，令儿童房中充溢着满满的田园气息。

2.壁纸上动物图案的腰线丰富了空间的表情，木制的婴儿床和藤制收纳篮令儿童房呈现出自然的姿态。

3.向日葵手绘墙及木制睡床共同为儿童房带来自然的气息。

4.白色的婴儿床提亮了空间的色彩，健康的绿植和木质的边柜共同为居室谱写出一曲田园牧歌。

1.枝叶缠绕的壁纸及白色装饰柜，为儿童房带来了清新、典雅的气息。

2.花色缭绕的床品及窗纱令家中的萌娃仿若置身于花都旷野。

3.卧室背景墙上设置的白色木质挂衣架，不仅起到悬挂小物件的作用，而且还极具装饰效果，与三盆小绿植共同为空间带来清新的姿态。

1.相同花纹的壁纸、窗帘及床幔为儿童房带来田园般的美景。

2.绿格子窗帘与绿色的墙面搭配得恰到好处，为儿童房塑造出自然的基调；色泽鲜艳的壁纸和床品则丰富了空间的表情。

3.儿童房整体色调清新淡雅，棉麻地毯既有很好的吸音效果，又呈现出自然的姿态。

4.清浅的色调，空间中摆放的绿萝，共同营造出一个清新、自然的儿童房。

1.橘色的墙面为儿童房带来靓丽的容颜，造型典雅的边柜及灯具则令居室充溢着浓郁的欧式田园风情。

2.蝴蝶图案的枕头及座椅垫令空间变得灵动起来，健康的绿植为空间带来清新的空气。

3.墙壁搁物架上的绿植为空间带来了田园风情，色彩丰富的床品令儿童房更显生动。

1.实木地板既能防滑，又为空间带来乡村中的有氧气息；树叶图案的壁纸也为儿童房中增添了一抹自然的姿态。

2.这是一个12岁女孩的小天地，空间呈现出清新雅致的格调。

3.无论是花色缭绕的壁纸，还是格子图案的沙发，都令儿童房散发出自然的味道，睡床上的布绒小羊仿若在这充满自然气息的空间中愉快地玩耍。

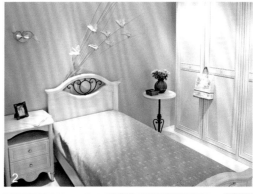

1. 清雅的蓝白色系令空间仿若散溢着海洋般的气息，背景墙上的格子柜收纳了小主人平时喜爱阅读的书籍。

2. 卧室背景墙上鸽子装饰物为儿童房注入了生机，蓝白色系令空间的表情十分自然。

3. 空间的色彩十分清新，花朵和树叶图案的地毯为居室更添自然的气息。

4. 蓝白色系的主色调，再用米色和绿色做搭配，令儿童房呈现出简洁而清新的面貌。

1.木色家具的运用奠定了居室自然风格的基调，装饰花束和绿植则在细节处迎合着空间的主题。

2.这是一个11岁男孩儿的空间，草帽及冲浪板的装饰，是为了满足其梦想当"海贼王"的愿望。

3.儿童房中运用了众多的花朵造型，如座椅、地毯、抱枕等，这些花朵造型共同为空间缭绕出自然的风情。

4.儿童房中将地中海的色彩和乡村风情的装饰相搭配，却丝毫不显突兀，反而令空间的自然韵味更加浓郁。

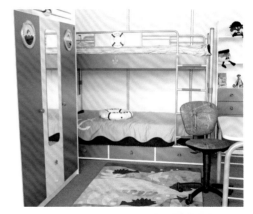

1. 蓝色与红色成对比色调，地面接近棕黄色的色调
与红色和蓝色呼应，起到对比之间的调和作用，
也令儿童房呈现出海洋的基调。

2. 无论是地毯，还是床品，都在细节处体现出海洋
风情。

3. 儿童房为地中海风格，清新而充满灵动的姿态。

3 甜美温馨的儿童房

甜美温馨的儿童房十分适合拥有公主梦的女孩儿，而粉嫩的色系则是体现这种风格的最佳用色，同时再用一些可爱的小配饰进行点缀，为女孩儿们打造出一个梦想中的甜蜜香闺，令其在居室中尽情地做梦。

1.婴儿房中使用淡淡的粉色，营造出温馨的氛围；婴儿床上方的粉红挂件，不仅可以表达妈妈的爱，还利于丰富宝宝的小天地。

2.儿童房的用色十分丰富，桃粉色令空间极具甜美气息。

3.浅黄、天蓝和粉色交织运用塑造出的墙面，丰富了空间的表情；居室中花朵图案的运用为空间带来了甜美的容颜。

1.精致的儿童床和极具梦幻色彩的床品，令儿童房满溢出甜美的味道。

2.儿童房中的壁纸与床品的纹样相似，共同为居室带来甜美的气息。

3.无论是花样丰富的床品，还是背景墙上的装饰，无不令儿童房充溢着甜美、温馨的气质；而床边的化妆柜，不仅满足了女孩儿爱美的天性，也方便小主人平日在这里做手工。

4.婴儿房运用浅淡的黄色作为主色调，令空间尽显温馨感，而粉色的窗帘则为空间增添了甜美的气息。

1.这是一对姐妹花的小天地，花朵图案的床品和地毯为房间营造出甜美的表情。

2.卧室背景墙上心形的装饰物极具浪漫气息，同色系的床品令空间更显甜美、温馨。

3.玫红色的纱幔为小空间带来了唯美的气息，空间中的其他装饰物也共同演绎出梦幻般的剧目。

1.这是一处 12 岁女孩儿的小空间，极具甜美气息；窗台下的长条形柜子，是她平时看书的地方。

2.华美的欧式灯具为女儿房带来浪漫的氛围，橡皮粉的墙面为空间描摹出甜美的容颜。

3.女儿房的一隅，粉嫩的色系令空间缭绕着唯美、浪漫的气息。

1. 花朵纹样的壁纸极具浪漫情怀，12岁的小女孩常常在自己的房间里做白日梦。

2. 空间中的床品极具浪漫唯美的气息，床边的小桌子是小主人平时学习的地方。

3. 花朵造型的灯具是空间中的点睛之笔，同时碎花的窗帘、床品及壁纸，无不彰显出儿童房温馨、甜美的基调。

1. 红白相间的组合家具及花色图案的窗帘和床品，共同为女儿房带来了甜美的容颜。

2. 白雪公主图案的床品和白色的床幔，令空间彰显出唯美的气息。

3. 玫红色的墙面和蝴蝶手绘图令儿童房充满灵动的气息。

1.条纹床品和花色窗帘为儿童房注入温馨的气息，橘色的墙面将空间打造得暖洋洋。

2.粉色花朵的窗纱为空间带来唯美、梦幻的效果，心形的装饰物十分可爱。

3.糖果形状和方形的抱枕均十分可爱，为空间增添了活泼的效果，而白色的幔帐，则为空间带来了梦幻的效果，小主人睡觉时将其拉下，可以营造出更加安静的睡眠环境。

1. 无论是空间的色彩，还是装饰，都为女儿房营造出浪漫、唯美的氛围。

2. 粉色的床品和窗帘为女儿房带来甜美的容颜，床边柜上天使造型的蜡烛可爱中不失浪漫。

3. 粉色的墙面与同色系床品相搭配，共同为女儿房营造出唯美、浪漫的气息。

4. 女儿房中的床品仿若女孩儿平时穿的公主裙般美丽，房间中的吊灯也具有着蕾丝花边般的美妙。

1.房间的小主人为一对 10 岁的双胞胎姐妹花，甜美的粉色地毯是两个人平时玩乐的绝佳地点。

2.女儿房中的区域分割得十分合理，既有休息区，也有学习和休闲的地点；除了功能强大，空间中的装饰则显露出唯美的姿态，整个空间集实用和美貌于一身。

3.浪漫的粉色纱幔和床品，令女儿房呈现出唯美的容颜，非常适合喜欢做公主梦的女孩居住其中。

1. 女儿房中无论是色彩，还是装饰物都十分唯美而浪漫；床前的柜子不仅增加了收纳功能，小主人平时也愿意和小伙伴在这里一起做手工。

2. 欧式风情的女儿房中尽显温馨、唯美的情调，可爱的布绒小熊是小主人平时最爱的玩具。

3. 温馨、浪漫的女儿房不仅是小主人平时学习、休息的地方，也是她邀请小伙伴玩耍的空间。

1.华美的欧风灯饰，花朵纹样的床品和壁纸，为女儿房塑造出唯美的格调。

2.白色的欧式睡床和床品，为女儿房描摹出浪漫的基调；大大的落地窗则增加了空间的明亮感。

3.女儿房极具浪漫氛围，这体现在纱幔和床品的运用上。

1.这是一间12岁小女孩的房间，花色缭绕的壁纸和窗帘迎合了小主人爱做公主梦的心理需求。

2.女儿房运用粉嫩的色系为空间铸造了唯美的氛围，造型感极强的睡床成为空间中视觉中心。

3.大花的床品和窗帘，碎花的壁纸，共同为女儿房演绎出浪漫、唯美的基调。

4 简洁干净的儿童房

　　在如今的居室装修中，简洁的设计手法得到了很多人的认同，这样的家居环境简洁、干净，且便于打理，因此很多家长也运用了这样的理念来为家中的萌娃打造儿童房。其中大面积的清浅色系与少而精的软装搭配，是塑造简洁、干净儿童房的最基本的方法。

1. 浅黄的色彩为居室奠定了简洁、干净的基调，同时婴儿房中的家具和装饰都采用少而精的设计理念。

2. 白色系的婴儿房十分整洁、干净，为平日忙碌的小夫妻节省了不少收拾、整理的时间。

3. 白色系的儿童房尽显干净、整洁的容颜，而玲珑的小床和小桌子则给居室带来了生动、活泼的表情。

1.清雅的儿童房令人观之便觉身心俱畅，这样的氛围有助于培养孩子安静、善于思考的个性。

2.大面积白色系的墙面用一块蓝色的区域来增加灵动性，令空间干净中又不显单调。

3.空间的用色十分干净，且没有多余的家具，仅用儿童床和小书桌来满足孩子最日常的生活需求。

4.大面积的落地窗增加了儿童房的采光，清雅的白色系为空间塑造了整洁、干净的容颜。

1.干净的蓝白色有助于培养孩子镇定的性格,床边的收纳柜则令空间更显整洁。

2.儿童房的塑造十分简洁,仅用睡床和组合柜来完成小主人日常的生活需求。

3.白色系的儿童房中为了避免单调,运用花纹壁纸来提升空间的律动感,又丝毫没有破坏空间整洁、干净的基调。

1.这是一个12岁男孩儿的房间，没有丝毫杂乱的装饰，有助于培养他自己收拾房间的习惯。

2.干净的白色系儿童房中，因为纱幔和玩具的加入，而彰显出活泼的表情。

3.白色系的儿童房中打造了一处嵌入式收纳柜来帮助空间完成日常的收纳，且极具展示性。

4.空间的色调十分干净，床前的收纳柜为小主人平日的玩具和生活用品找到了合适的安身之所。

1.儿童房的用色和装饰都十分简洁，却不显单调，这体现在居室的细节设计上，如墙面上的几个相框和造型独特的镜子，都是提升空间表情的好帮手。

2.干净整洁的儿童房非常实用，既有小主人的休息区，也有用餐区和玩耍区。

3.白色系的儿童房中用图案丰富的窗帘和床品增加了空间的灵动性。

4.整洁的儿童房中充满了童趣，小主人平时的小玩具丰富了空间的表情。

1.这是一间 11 岁男孩的房间，色调和装饰均十分干净、整洁，却体现出小主人的兴趣爱好，他平时喜欢弹吉他和收集游戏中的玩偶。

2.竖条纹的壁纸有效地规避了空间层高低的缺陷，也令空间的容颜更加整洁、有序。

3.儿童房的装饰简单，一张睡床、一个写字桌、一个书柜就将小主人日常的生活安排妥当。

1.干净、整洁的儿童房在柔和的灯光下，显得十分温情。

2.素简的儿童房中因为布绒玩具的加入而呈现出可人的姿态。

3.儿童房的设计简洁，用床垫代替了睡床，令空间更显悠闲姿态；柔和的灯光和可爱的装饰物，为空间营造出温馨的氛围。

第二部分

打造完美儿童房

　　要想为家中的萌娃打造一个完美的儿童房，并非一件易事，因为儿童在不同的年龄段需要注意的细节也往往不同，如0～3岁婴幼儿时期的儿童需要什么样的生活环境？家中如何设置才能保证3～6岁学龄前期的儿童的安全？什么样的色彩最适合6～12岁少年期的儿童？了解了这些知识，就能事半功倍地装出完美的儿童房。

1 0~3岁婴幼儿的空间打造

婴幼儿期的儿童房是宝宝的第一个独立房间，婴幼儿阶段的孩子正处于活泼好动、好奇心强的阶段，完美的婴儿房设计能在潜移默化中孕育并激发儿童的创造性思维能力，在设计儿童房时就需要处处费心。但是这又是一个过渡阶段的房间，随着宝宝的长大很快就会被淘汰，因此如何做到用最简单的方法打造出绝美的儿童房，才是问题的所在。

 ## 婴幼儿房间的装饰与色彩

★为婴幼儿营造具有艺术氛围的居住环境

0~3岁儿童被称为婴幼儿时期，他们通过色彩、形状、声音等感官刺激直观地感知世界。此段时期内的孩子刚开始对事物有所认知，色彩、形状都是刚刚有了接触。如果这一时期的孩子生活空间过于呆板，就会扼杀孩子的想象力和创造力。故此，应该为0~3岁的孩子营造一个具有艺术氛围的居住环境，色彩鲜艳、有视觉深度的图形可以促进他们的大脑发育。无论是家具、玩具或者墙壁最好都要选择色彩绚烂、带有童趣图案的。比如一些带有蓝天、白云、绿草、花朵、小动物图案的壁纸，就能激发宝宝的想象力，开发宝宝的学习能力，但也不能太过刺激，如果房间中出现过多的色彩容易降低儿童对色彩的辨认度，在整体明亮轻快的浅色调中突出一两种重点颜色更容易加深儿童对色彩的鲜明印象。另外房间以及家具的色彩也可以选用三原色，即红黄蓝，便于孩子牢记、识别。装饰品则应为简单的形状，譬如圆形、方形等。这样的房间既生趣又美观，更能方便孩子自然地学习色彩、形状方面的知识。

贴心蜜语

○ **房间色彩要鲜亮：**

活泼、艳丽的色彩有助于塑造儿童开朗健康的心态，还能改善室内亮度，形成明朗亲切的室内环境。身处其中，孩子能产生安全感。粉红、淡绿色、淡蓝色都是很好的墙面装饰色彩。此外，1~2岁孩子的房间在设计上不妨多加对比色，但婴儿房的颜色不宜太抢眼，选定一套粉色系即可。

○ **最佳配色原则：**

这一时期的儿童房如果分色，可以采用淡粉配白、淡蓝配白、榉木配浅棕等，这样的配色原则显得活泼多彩，符合孩子幻想中斑斓瑰丽的童话世界。

○ **充满童趣的童话世界：**

各种不同的颜色可以刺激儿童的视觉神经，而千变万化的图案，则可满足儿童对整个世界的想象。由于每个小孩的个性、喜好有所不同，个性化儿童居室的墙面装饰成蓝天白云、绿树花草等自然景观，让儿童在大自然的怀抱里欢笑；各种色彩亮丽、趣味十足的卡通化的家具、灯饰，对诱发儿童的想象力和创造力会大有好处。

○ **用图形绘出丰富的色彩：**

用素描的形式，在墙上绘画出丰富多彩的图案，婴儿在观察世界的同时，潜移默化地接收到了艺术的熏陶。零星的鲜艳小色块，更能很好地吸引儿童的注意力，让他们更有兴致地观察周围的精彩环境，让儿童在童趣与艺术结合的环境中成长吧。

★婴幼儿的房间中顶面、墙面及地面色彩的运用法则

○儿童房顶面用色

0～3岁婴幼儿的房间千万不要忽视房间顶面的装饰用色，除了可以在顶面涂刷靓丽的乳胶漆之外，也可以在顶面画画，如可以绘制蓝天、白云、星星、月亮等自然景物，也可以绘制加菲猫、流氓兔等卡通形象，启发孩子对色彩的初步认识。

○儿童房墙面用色

刚出生的婴儿小，常和父母一起睡觉，他们对于儿童房的感知相对较弱。为0～3岁婴幼儿所设计的儿童房还无须强调性别特征，但房间的色彩和图案一定要具有可看性，让懵懂的孩子乐在其中，最好使用红色、黄色、蓝色、绿色等简单明了的色彩，并与自然界中太阳、月亮、星星、花草等图案相联系。同时，这个时期儿童房的色彩也不应当太过鲜艳，以免过于刺激孩子的视觉；花色也不要太过繁复，以免使孩子产生躁动不安的情绪。

○儿童房地面用色

虽然地面面积只占据儿童房的一小部分，但地面的颜色仍需要注重与墙面的配合。理论上，地面比墙面颜色要深，避免由于空间颜色过于鲜艳，易造成孩子神经衰弱。此外，深色代表厚重，寓意孩子做任何事情都脚踏实地，因此选择褐色或者原木色的地板最为合适。同时儿童房的用色有一些禁忌是必须要注意的，儿童房地板切忌使用深红色，因为红色容易让人烦躁，应避免。

贴心蜜语

儿童房的颜色用忌用大面积的纯红色、灰色、黑色，房间墙面忌用太花的壁纸或挂一些暴力装饰画。橙色及黄色能给孩子带来快乐与和谐。儿童房一般可选用优雅、快乐的明黄色，健康、活泼的淡绿色，纯净、明朗的淡蓝色，优美、动人的浅紫色，也可以根据小孩子比较喜欢的颜色来选定。需注意的是，不要将儿童居室的墙壁刷上白色，因为这种颜色反而会使他们过分好动，忍不住在墙上乱涂乱画。

婴幼儿房间的家具与材料

★婴幼儿房间家具选用的原则

　　家具的款式宜小巧、简洁、质朴、新颖，同时要有孩子喜欢的装饰品位。小巧，适合幼儿的身体特点，适合他们活泼好动的天性同时也能为孩子多留出一些活动空间；简洁，符合儿童的纯真性格；质朴，能培育孩子真诚朴实的性格；新颖，则可激发孩子的想象力，在潜移默化中孕育并发展他们的创造性思维能力。

　　由于儿童的天性好动，而 0 ～ 3 岁婴幼儿时期的孩子大部分时间都在玩，因此，一个可以无拘无束、任意游玩的自由天地便成为迫切的需要。在家中设置一个启发这一时期儿童创造性思维的游戏区成为家居空间的重中之重。在这里，1 岁左右的宝宝可以摸爬滚打，2 ～ 3 岁的宝宝可以充分玩耍，还能邀请他（她）的小客人来做过家家的游戏，这种自由畅快的玩耍空间对开发儿童的智力是至关重要的。因此为了保证有一个尽可能大的游戏区，家具不宜过多，应以床铺、桌椅及贮藏玩具衣物的橱柜为限。此外，为了适应儿童的两大特点（稚嫩与成长迅速），家具的安排须考虑安全性与模糊性。所谓模糊性是指同一件家具具有多种功能，稍稍变动，即可适应不同的需要。例如，当孩子逐渐长大，玩具箱可当作书架。小床又可当作很有风格的沙发等。这种家具简单、易于组配，与那种精美但功能单一的家具相比具有明显的优势。首先能节省空间，其次富于启发性、趣味性，能激发想象力。为了培养孩子独立的生活能力，可以在家具设计上动动脑筋，例如利用床下空间装设抽屉或拉门引导孩子自己动手，把不同的被毯、衣物、玩具收在里面。

★婴儿房的家具应具备多功能和多变的属性

　　设计巧妙的婴儿房，应该考虑到孩子们可随时重新调整摆设，空间属性应是多功能且具多变性的。家具不妨选择易移动、组合性高的，方便随时重新调整空间，家具的颜色、图案或小摆设的变化，有助于增加孩子想象的空间。另外，不断成长的孩子，需要一个灵活舒适的空间，选用看似简单，却设计精心的家具，是保证房间不断"长大"的最为经济、有效的办法。在购买或设计儿童家具时，安全性应为首先需要考虑的因素，其次才是色彩、款式、性能等方面。

　　此外，还要预留展示空间。孩子的成长速度常常会让父母始料不及，他们随着年纪的增长，活动能力也日益增强，所以家长在布置婴儿房时就应当为空间留出发展尺度。视房间的大小，适当地留有一些活动区域，如壁面上挂一块白板或软木板，或在空间的一隅加个层板架，为孩子日后的需要预留出展示空间。

![贴心蜜语]

　　新生儿的卧室内尽量少放家具，以便于对新生儿的观察和护理，同时也方便室内的清洁止生剔抖。新生儿的床应尽量靠近母亲的床，其高度最好是新生儿躺在床上时能很方便地看到母亲的脸，而母亲也能很容易看到新生儿的活动情况，以增强母婴之间的目光交流。母亲可以很方便地经常拍拍新生儿，做到母婴之间的皮肤接触。在房间四周的墙壁上，可以张贴一些色彩鲜艳的图画，最好是一些活泼可爱的儿童人物画、小动物画，可给新生儿一个良好的视觉刺激。房间内可放置一台录音（像）机，经常播放一些柔和、悦耳的音乐，以促进新生儿的听觉发育。在新生儿床的上方，约 15～20 厘米的高度处，悬挂一些色彩鲜艳并可发出声响的玩具，在新生儿清醒状态下，轻轻摇动玩具，他会不自主地随玩具的摇动而转动眼睛去看，这样既训练了视觉又训练了听觉，对新生儿大脑的潜能开发具有一定的积极作用。

★睡得安全又香甜的婴儿床

处于婴幼儿时期的宝宝在儿童床上将度过他的大部分时光。由于孩子的身体还未发育，有些部分相当柔嫩，因此挑选一款合适的婴儿床尤为重要。

○使用比较硬的床垫

为了安全起见，很有必要保证床垫与床的贴合性，确保其是坚固的。床和床垫之间不应该有空隙，可遵循"一指原则"，如果你可以在床和床垫之间放入两个或更多的手指，那就说明床垫太小了。 一个过小或过软的床垫，都将增加发生婴儿猝死综合征、卡住或窒息的风险。

○宝宝和家长都是使用者

婴儿床的护栏高度应在 50 厘米以上，此时的孩子爱动又站不稳，不知畏惧，特别危险。确保床的栏杆间隙小于 6 厘米。超过这个间隙，有可能导致孩子被卡在当中。一张可以让孩子很容易地透过床栏看到外面的床，会让他们与您有更多的交流并且更舒适。护栏的高度应该可调，这样父母弯腰去抱孩子不至于太辛苦。床板的位置也需要是可调节的，孩子会站立之后，可以将床板调低些，保证安全。

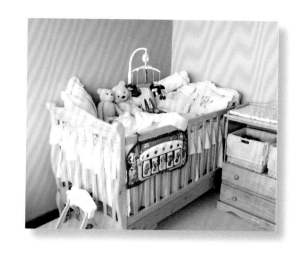

○确保床本身的安全

婴儿床经常需要升降，所以要定期检查婴儿床螺钉是否松动或丢失，支架和其他硬件的稳固性。婴儿到长牙的时候喜欢咬东西，这时防咬条就显得很重要。它既能保护婴儿，也能保护床不被咬烂。购买时，检查栏杆是否可以轻松、平滑地移动，不会发出噪声。木质儿童床应该选用硬木，如枫树、白蜡树、榉树或者橡树，选用有安全认证的油漆着色。婴儿床表面应光滑，无尖锐的边缘、疵点和粗糙表面。尽量不要选择带有凸起的雕花装饰的床，因为容易钩住孩子的衣物，孩子竭力挣脱时，就有可能碰撞受伤。

○在居室内灵活转动

带有轮子的床便于更换床单，以及转动清洗。床体宽度不宜超过 75 厘米，婴儿床需要在卧室、客厅、餐厅之间灵活移动，宽度超过 75 厘米后，就不能进出房门，很不方便。当床的位置固定后，一定要锁住床轮，避免可能发生的危险，尤其是当家里还有其他小孩的时候。这些小孩很有可能在和宝宝玩耍的时候不小心推动了床，比如推下楼梯、撞上窗子或家具。

○婴儿床不宜过长

国内生产的婴儿床长度大部分是120厘米左右，可以用到3岁左右，欧美的婴儿床尺寸长度在140厘米左右，宽度78厘米左右，可以用到6岁左右，尺寸比较合理，使用的时间较长。

其实，婴儿床的尺寸也并不是越长越好，床体长度不宜超过1.2米。卧室宽度一般在3米左右，大床占2米，其余的是通道或衣柜、桌子的位置。婴儿床的位置在大床旁边，这里有床头柜、梳妆台、凳，考虑通道和开门、开抽屉，需要80厘米的位置。因此，如果婴儿床长度超过1.2米，将占用通道或其它家具功能的位置，阻碍正常活动，需时常搬移，很不方便。

○婴儿床不宜过高

婴儿床护栏不宜高过35厘米，否则不方便抱、放宝宝。在购买婴儿床的时候，家长最好能"实地"演练一下，试下围栏高度在抱放宝宝的时候，会不会感觉到不方便，应该以自己感觉舒适为宜。

○婴儿床不宜过矮

婴儿床的床面不宜太矮，如低于50厘米，则大人哄、抱宝宝时需深深弯腰，加倍辛苦。而且贴近地面的空气多尘土，也容易受到爬虫、宠物的侵害。

○婴儿床不宜过宽

床体宽度不宜超过75厘米，婴儿床需要在卧室、客厅、餐厅之间灵活移动，宽度超过75厘米后，就不能进出房门，很不方便（标准门框是80厘米，门厚度4厘米左右，考虑加工误差和必要的间隙，75厘米是宽度的上限了）。

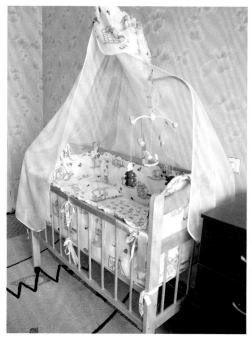

★婴儿床的选材

○实木婴儿床

很多人会问，选购婴儿床，到底是铁制的还是实木的好呢？实木婴儿床，从安全角度来说比铁制的床好很多。现在的木床都打磨得很光滑，不仅手感好，而且安全。松木被联合国环境署认定为最环保的家具材料，并且松木床上透明油漆，天然的木纹看得见，摸得着。因此，不论从健康的角度还是美观程度，松木床都更胜一筹。

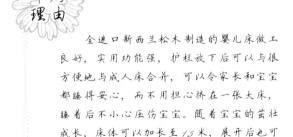

推荐理由

全进口新西兰松木制造的婴儿床做工良好，实用功能强，护栏放下后可以与很方便地与成人床合并，可以令家长和宝宝都睡得安心，而不用担心挤在一张大床，睡着后不小心压伤宝宝。随着宝宝的茁壮成长，床体可以加长至1.5米，展开后也可临时放下宝宝的调换衣物，很方便。

○铁艺婴儿床

铁艺材质的婴儿床从一定程度上来说坚固性很好，而且不易变形。做工精致，时尚大方，是很多年轻妈妈们的选择。与此同时，与昂贵的木材相比，铁艺婴儿床在价格上也较为实惠。

○藤制婴儿床

藤最能带给人清爽自然的感受，它不仅健康环保、朴素幽静、清凉宜人，还兼具透气性好、舒适实用等特点。原汁原味的藤制婴儿床，可以在家中营造出一派悠然自得的氛围，并且十分环保。

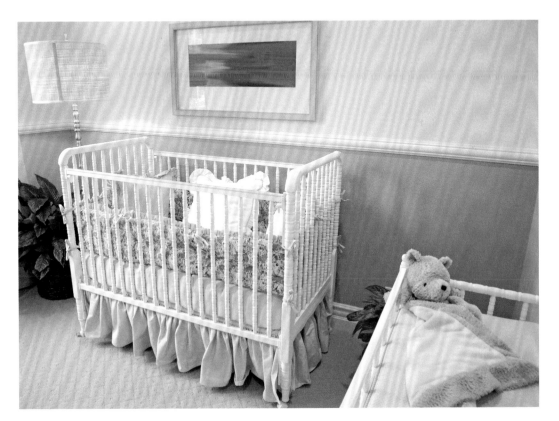

★床垫的选材

要想让婴儿整夜安睡，就需要保持干爽，且温度要均衡。因此，床垫的选择和搭配组合显得尤为重要。透气性良好的材料，能有效地把潮气带走。硬度较大的床垫，有效防止宝宝睡觉时呼吸受到阻碍。具有可拆卸水洗的床垫套，将有助于更长时间地保持清洁，防止产生尘螨和发霉。

○弹簧床垫

非常耐用，能均匀分散孩子的重量，保证良好的通风，营造舒适的睡眠环境。

○泡沫床垫

泡沫是一种弹性良好的材质，能提供舒适的承托，相对乳胶床垫和弹簧床垫更柔软一些。高弹泡沫透气性强，比普通泡沫弹性更好。

○乳胶床垫

乳胶床垫弹性极好，能贴合孩子的身体曲线，提供有力的承托。其结构中含有微型槽，能消散潮气，为孩子营造舒适的睡眠环境。

★婴幼儿房间中其他家具

○换衣桌

换衣桌不仅是增进宝宝和家长相互了解的地方，婴儿也可以在那里发现生活令人激动之处。同时也可以选择带衣柜的换衣桌，防止灰尘的同时也能在视觉上显得干净简洁。设置合适的换衣桌高度，方便家长帮助宝宝迅速完成整个换衣工作；而且还能提供大量储物空间，从手巾到爽身粉，都近在手边。

○玩具柜

0～3岁的婴幼儿往往拥有很多的玩具，因此有一个单独的玩具柜显得尤为重要；玩具柜必须很低，以便孩子能够方便地取放玩具，又避免爬高跌伤。

最佳创意

原来的储藏柜，铺上可换洗的垫子，就转变成换尿片的桌子，桌子的高度在80厘米左右，正合适的操作高度，更安全方便，桌子底部带滑轮，可以移动柜体挡住插座开关，宝宝稍大玩耍时更安全。

婴幼儿房间的照明与灯具

★ 充足的照明对婴幼儿的重要性

合适且充足的照明，能让房间温暖、有安全感，有助于消除孩童独处时的恐惧感。婴儿房的全面照明度一定要比成年人房间高，一般可采取整体与局部两种方式布设。当孩子游戏玩耍时，以整体灯光照明；孩子看图书时，可选择局部可调光台灯来加强照明，以取得最佳亮度。此外，还可以在孩子居室内安装一盏低瓦数的夜明灯或者在其他灯具上安装调节器，方便孩子夜间醒来时使用。

贴心蜜语

○婴幼儿期的孩子视力尚未发育成熟，为孩子的房间购置灯具的时候，一定要避免直接的点光源，（如餐厅里经常用的射灯）。如果已经购置了直接光源，应换成磨砂灯泡，以免损伤孩子的视力。

○幼儿的房间不要用台灯、落地灯，以防绊倒砸伤幼儿或发生触电事故。

○经常处于光照环境的新生儿往往会出现睡眠和营养障碍。色彩斑斓的灯光会干扰中枢神经系统功能，使宝宝变得烦躁易怒。晚间的较强灯光使宝宝难以睡眠，生长激素分泌下降；电视荧屏闪烁跳跃的画面会影响宝宝的视力。因此宝宝入睡时，床前灯应关闭或开得暗些，室内灯不要过于斑斓眩目。

婴幼儿房间的环保与安全

★婴幼儿房间应注重环保

　　0～3岁的宝宝成长发育时对外界环境最为敏感，此时，环保是设计时必须要关注的问题。绿色环保不仅意味着装修材料上的零污染，也代表着一种可持续的绿色生活理念。将这理念注入宝宝的成长世界，必将有利于孩子的身心健康。在婴儿房中，地板的环保问题显得尤为重要。当牙牙学语的宝宝离开摇篮后，地板首先成了他们最爱的地方。不管爸爸妈妈为他们提供多么豪华的座椅，宝宝们仍然喜欢在地板上坐、爬、躺。但是，甲醛往往藏匿于地板中，宝宝离地面越近，意味着距离甲醛也越近。据检测，距离地面1.5米以内的空气层里，甲醛含量占室内甲醛总量的80%以上。同时，儿童处于生长发育期，呼吸量比成人高50%，因此吸入含有甲醛的空气量就比成人多。目前，甲醛已经成为儿童白血病的重要病因。

目前普遍使用的三大地面材料：实木地板类、人造板类、石材瓷砖类，都有不同程度的室内环境污染问题，人造板的地面材料造成室内环境甲醛污染的问题更多一些，为了防止甲醛污染应该注意选择。实木地板的油漆挥发性有机物和苯污染，瓷砖类材料的放射性污染也是应该注意的。也有的家庭怕污染全部铺装瓷砖，但是北方冬季会感觉房间里比较冷，也会给老人和孩子带来安全隐患。

贴心蜜语

　　家装时一定要选择符合国家有害物质限量标准的地面材料；合理搭配地面材料，房间面积超过一百平方米的最好不要选择一种地面材料，防止有害物质叠加造成污染。此外，在装修儿童房间的地板时，还有一些需要注意的细节：首先，地板材质应该有温暖的触感，并且便于清洁，不能够有凹凸不平的花纹、接缝，因为任何不小心掉入这些下去的接缝中的小东西都可能成为孩子潜在的威胁。同时，这些凹凸花纹及缝隙也容易绊倒蹒跚学步的孩子。其次，地板材料过于坚硬虽然易于清扫，但对于到处爬的孩子会很不舒服。因此，地板更要具柔性，而且防滑性能要好。最后，不要铺装塑胶地板，市面上有些泡沫塑料制品如地板拼图，会释放出大量的挥发性有机物质，影响孩子的健康。

★婴幼儿房要从细节上保护孩子的安全

由于0~3岁的婴幼儿缺乏自我保护意识，所以安全性就成为儿童房设计需考虑的第一要素。儿童房设计时，一定要从细节上保护孩子的安全，避免意外伤害的发生。

○婴儿房不能设在机器房边、露台楼下，不要悬挂太多风铃，否则易造成宝宝脑神经衰弱。

○婴儿房进门处最好不要有镜子门，室内也最好不要使用大面积的玻璃和镜子。

○近几年的新户型，窗户普遍离地较低，因此，最好在1~1.5米高的地方做好护栏，防止好奇心强的孩子爬到窗户上去。

○家具、建材应挑选耐用的、承受破坏力强的、使用率高的；并且应尽量避免棱角的出现，采用圆弧收边。

○儿童房中的电源最好选用带插座罩的插座，最好是选用拔下插头电源孔就自动闭合的安全插座，电器用品都要加保护装置，尽量不要使用落地灯、落地扇等。

○在装饰材料的选择上，无论墙面、顶棚还是地板，应选用无毒无味的天然材料，以减少装饰所产生的居室污染。地面适宜采用实木地板，配以无铅油漆涂饰，并要充分考虑地面的防滑。

○窗帘切忌使用大红或者黑色，深色不利于采光，儿童处于发育阶段，采光好的房间利于增强孩子身体的免疫力。

○地板要防滑。如果打算铺地毯，那么地毯背面要有防滑材质，或者牢牢固定好地毯的四边。

○糖果、电池、珠子、钱币等，一不小心，就会被幼儿送进嘴里；花生豆、葡萄、小萝卜、橄榄、葡萄干等小东西，可能会引起窒息。因此不要把这些东西放在宝宝够得到的矮柜子上。

○有的家庭中窗帘绳过长，这样有可能勒到宝宝；因此最好将其剪短，或打个结，别让宝宝够着，另外家中的绳子也切忌乱放。

贴心蜜语

　　有些父母在为婴儿准备了婴儿房的同时，对宝宝的安全采取了周密的保护措施。为了二十四小时监视宝宝的动态，特地购买了一组监听器安放在婴儿房中，不在宝宝身边时就把一个监听器放在摇篮旁，只要宝宝发出哭声，就可以立刻经由自己带着的另一支监听器听到，马上前往处理。

★婴幼儿房中要防噪音污染

听力是宝宝对外进行信息交流的重要感觉能力。在人的耳蜗内存在数万个脆弱而精密的"感应接收器"，一旦它们受到损害，就不能把声音传到大脑，这样的损害大多不可回逆。有些玩具噪声过大，会损伤宝宝的听力。宝宝的听觉细胞十分娇嫩，对噪音比成人更敏感，当噪音超过 70 分贝时就会使宝宝产生头痛、头昏、耳鸣、情绪紧张和记忆力减退，长时间肯定会损害宝宝的听力，父母必须引起足够的重视。

贴心
蜜语

○宝宝房间多用布艺装饰，因布艺产品有很好的吸音作用。

○近马路的房间可安装双层隔音玻璃窗。

○房门附有胶边，在关门时不会发出响声。

○家具用木材制作，能吸收噪音。

家中的其他空间

★客厅

　　婴幼儿阶段，宝宝们除了在自己的房间，最常光顾的地方就是家中的客厅了。针对宝宝喜欢玩耍的心理特征，在客厅中最好设计一个适合宝宝玩耍的空间，最好是一块专门的空地，如果没有，就尽量把沙发贴墙放，将中间空出来的地方给孩子作为游戏场。玩的空间中一定会有很多的玩具，因此客厅中的收纳也显得尤为重要，可以利用客厅中的电视柜，沙发边的边几等家具来帮助收纳，同时也可以利用阳台来辅助收纳。

★餐厅

婴幼儿在成长的阶段，不仅仅以奶粉为主食，家长往往会尝试给他们做一些接近成人的饭菜，这样宝宝就需要坐在桌前用碗勺吃饭。大人们使用的餐桌明显不符合宝宝的需求，因此在大人的餐桌旁放置一把架高的儿童餐椅就显得尤为重要。

★厨房

虽然婴幼儿在厨房中还帮不上什么忙，但是却喜欢在厨房里玩。因此应该把所有危险的工具、暖瓶等都藏起来，或者放置于高处。此外由于家长往往喜欢在冰箱上贴一些冰箱贴，这里也成为宝宝喜欢玩乐的场所，因此要防止宝宝打开冰箱门，把自己关在冰箱里而产生窒息，因此安一个冰箱门锁较为保险。

★卫浴间

婴幼儿有了一定的排泄知觉，会开始学习使用卫浴间，但是他们还不能使用成人的便桶，因此有些家长会给他们购买婴幼儿的小马桶。此外，卫浴间也是宝宝洗澡的地方，由于宝宝年龄小，卫浴间的地面一定要考虑防滑性。如果卫浴间的空间宽敞，还可以考虑设置一个儿童游泳池；如果空间有限，则可以设置一个浴缸，满足宝宝洗澡之余玩水嬉戏的需求。

2 3～6岁学龄前期儿童的空间打造

　　活泼好动是3～6岁学龄前期儿童的天性，这时的儿童房设计需要为其提供整块活动地带，家具不应布置太多，让其自由地活动。在儿童房的设计过程中，也要考虑到孩子身高、爱好的改变，以及房间功能的增加等各方面因素。了解一些影响孩子生活的设计因素等，创造可弹性利用的空间。利用局部功能分区的调整和配饰的增减，灵活适应孩子的成长。

 ## 学龄前期儿童房的装饰与色彩

★用明亮鲜艳的色彩帮助3～6岁学龄前儿童培养开朗个性

　　3～6岁学龄前的儿童对色彩比较敏感，房间的主色调可以选择一些比较明亮鲜艳的色彩，如苹果绿、海军蓝等，再适当搭配鹅黄、橙色等，会有助于培养活泼开朗、积极向上的性格。同时色彩上最好能丰富一些，家具、墙壁的色彩宜明快、亮丽，以偏浅色调为佳，尽量不选深色。

★学龄前男孩儿和女孩儿的房间色彩应区别对待

3 ~ 6岁的孩子已经开始上幼儿园，接受教育，在家喜欢玩玩具和其他游戏，智力与活动能力得到进一步的提升。而这个阶段的孩子还有另一个明显的特征，就是他们开始懂得性别的区别，强调自己是男孩子或者是女孩子。因此，为这个年龄阶段的孩子设计儿童房时，应当充分考虑他们这一心理，为他们打造截然不同的生活和游戏空间。

一般来说，男孩儿和女孩儿对于色彩的感受比较明显，男孩子喜欢蓝色、淡黄色和绿色，而女孩子则明显更喜欢粉色和紫色，因此应适当参考他们的喜好，在天花板、墙壁、家具等区域使用他们所喜欢的色彩。但是这个时期的儿童房色彩浓度要掌握得恰到好处，颜色太深的话，容易让孩子心理产生早熟的迹象，而色彩太艳丽，又让身处其中的孩子经常产生不安宁感，容易脾气暴躁。

男孩房

○根据性格特征设计 3 ～ 6 岁男孩房的色彩

这个年龄段的男孩子总是活泼好动的，当然希望自己的房间宽敞开阔，可以让他自由驰骋，与小哥们儿尽情耍乐嬉戏。因此对于狭小的空间，利用色彩在视觉上为空间扩容是常用的办法。不妨以蓝白搭配为主，在视觉上给人开阔明亮的感觉。此外这个时期的男孩喜欢童话故事，也善于模仿，所以健康正面的卡通主题有助于父母以正面的信息引导儿童。在房间设计上，可以选择一些主题健康、性格鲜明的卡通形象作为空间的主题，比如乐于助人的米奇、具有正义感的狮子王、活泼好动的跳跳虎等；同时形象式的设计风格可以增强孩子对图形的感知。

○根据性格特征设计 3 ～ 6 岁女孩房的色彩

与活泼好动的小男孩相比，这个年龄段的女孩子更喜欢安静地坐在角落里做自己喜欢的事情，或一个人看看书，或与志趣相投的伙伴们一起做做手工。为此，一个功能多元的学习区对她们来说是不可或缺的，而在房间色彩的选择上温和的暖黄色可以令整个房间有种浪漫温馨的格调。

★学龄前儿童房的墙面装修的原则

　　3 ～ 6岁是孩子大脑飞速发育的时期，在这一阶段，孩子具有极强的认知和学习能力，并且对身边的世界充满了好奇心。因此为了满足3 ～ 6岁孩子的求知欲，在墙面装修上可以选用蓝天、白云、绿草等景观，或者一些小动物的造型，还可以选用拼音、汉字等造型，开发孩子的学习能力。

学龄前期儿童房的家具与收纳

★根据学龄前期不同年龄段的儿童心理特征来布置他们的小窝

○3～4岁的孩子渴望得到他们的个人空间，可以在房间内建立一个小的封闭空间给孩子玩耍，如在屋内或者床上搭个小帐篷。还可以在房间中加设塑料玻璃材质、没有棱角的镜子，帮助孩子观察自己，从而了解自己的身体。在房间内准备几个枕头和毯子供孩子玩耍和跳跃。可摇摆的家具受到孩子的青睐，同时也是孩子放松娱乐的好去处。此外，可以放置一些安全系列的产品，如防撞角、楼梯防滑条等来保护孩子。

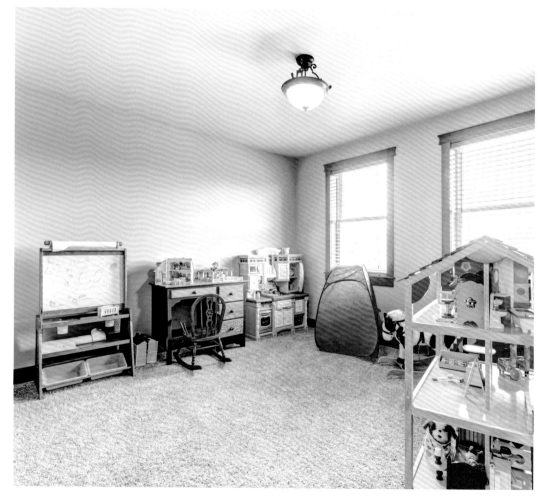

○4～5岁的孩子喜欢为房间搭配家具，所以装修中不妨听听孩子的意见。随着孩子年龄的增长，房间里需要很多的储物箱来放置孩子的宝贝。这个年龄段的孩子喜欢给自己装扮，自己穿衣服，所以最好在房间里设计一面镜子，同时储物箱的放置需要保证孩子可以拿到物品。在房间中最好留出足够的空间给孩子和他们的朋友玩耍。儿童游戏有利于这个年龄段孩子智力的开发，给孩子的房间设计出专门的玩耍区域是非常必要的。比如绘画、手工制作、拼图等。

○5～6岁的孩子成长很快，衣服开始增多，为了便于孩子自理，需要选择合适孩子身高的家具。对孩子来说，他们希望拥有个人的房间，并且增加了新的嗜好和兴趣，喜欢更多具有冒险性的游戏，如爬树、足球等。安全仍是重中之重，高的家具需要固定，以免孩子推动翻倒、防撞角、楼梯防滑条等安全防护产品，仍然是必要的。

★学龄前儿童房中的家具选购及布置要点

在 3 ～ 6 岁学龄前的时期，开发儿童潜能尤为重要。因此适当选择一些具有游戏功能的家具，可以培养孩子的灵活性、平衡力。此外这个年龄段的孩子总是免不了会拥有许多的玩具、文具与书籍等。可以利用床下的空间做成抽屉，放置杂物，使空间增大。另一种方法，是利用多功能、组合式的家具，以充分的机动性来适应家中的变化；也可以在儿童房内开辟一块可供游玩的小型游戏区，并设置一个摆放玩具的玩具架，这个玩具架可以容纳孩子们的所有玩具，不至于让儿童房显得过分凌乱。总的来说，家具要少而精，且尽量靠墙壁摆放，以扩大活动空间。 孩子的储藏柜最好是开放式的储物格，让孩子可以一目了然，这样可以清晰地告诉他们如何收拾自己的东西。不妨多准备几个衣柜、置物篮或储物箱。另外穿透性的层隔架比密实性的柜子要更好一些。可以把儿童的各科教材和参考资料分别收放在文件夹中；或者按文具的不同，分别放入不同的抽屉中，这些方法要从小告诉孩子，让他们养成良好的生活习惯，把一切都做得井井有条。

贴心蜜语

○ 3 ～ 6 岁男孩房的家具布置技巧

为 3 ～ 6 岁学龄前的小男孩配置一张可以爬上爬下的架空床是最合适不过的了，上下床的时光也可以满足孩子好动的特性，而且还能锻炼孩子身体的协调能力和活动能力。床下可以设计成游戏区域，设计一些适合男孩的室内运动和游戏项目，如攀爬的设施等，培养儿童的冒险精神和勇气；或者在房间中划出一个专门给孩子画画的区域，设计方便清洗的墙面和家具，让孩子尽情地发挥创造力。父母尽量不要对孩子创意的发挥进行限制。

○ 3 ～ 6 岁女孩房的家具布置技巧

在儿童家具的选择方面，要注意安全性和趣味性，应增添有利于女孩观察、思考、游玩的成分。例如把睡床、滑梯、写字台、衣柜、书柜设计成融为一体的组合家具，鼓励她们按个人喜好自行组装或随意组合，让小女孩房间能不断发生新的变化。在饰品的选择上，尽可以满足小女孩的公主梦，比如可以在床头摆放粉色的相框、可爱的闹钟，或者在迷你的沙发上放上最喜爱的米妮鼠等，再加上可爱的公主妆镜和米奇造型灯等装饰品，营造出一个充满想象的空间。

★学龄前儿童的书房家具选购方式

3～6岁的孩子已经开始对文字有了初步的认识，这一时期的父母都很重视给孩子打造一个读书小天地；而书房家具主要包括书柜、书桌、坐椅三大件，选购这三大件时最好尽可能配套选购，争取造型、色彩一致，从而营造出一种和谐的学习氛围。

○书柜：自由组合 灵活变化

在书房中，设置一个漂亮的书柜，既可以培养小孩的阅读兴趣，又可以教会他们良好的收纳习惯。

选购要点：最好根据不同书的高度和宽度，来选择书柜的尺寸。此外，书柜的结实度也很重要，中间横板要结实、跨度不宜过大，而竖向支撑力也要强，这样整体才能牢固耐用。

特别提示：有些书柜的搁架和分隔，可根据书籍的高度和物品大小任意调节。如果担心灰尘比较大，则可以选有门或带玻璃的书柜，这样就能省点打理的工夫。

○书桌：增加功能 人性设计

很多家长往往只注重灯光对视力的影响，殊不知书桌的设计也是很重要的因素。例如带一定倾斜角度的桌面或装配可夹书的书写板，让孩子在阅读写字时视距科学，避免时间久眼睛疲劳。

选购要点：书桌并非越大越好，合理的范围应该是，小孩坐在前面，伸出双臂够得着那些经常使用的东西。如果书房空间较小，一张电脑、书写二合一的桌子是相对经济的配置。

特别提示：有条件的话，可以选个桌面可以折叠的书桌，这样就能根据小孩的成长需要，来确定桌面大小。

○坐椅：软硬适中 高度可调

孩子一天天长高，一般经过小学到中学两个差异比较大的阶段，因此坐椅也应该随之调到适合的高度。

选购要点：挑选一把舒适的坐椅是至关重要的，最好让小孩坐下来试试，感觉椅背是否软硬适中。

特别提示：选择坐椅时如果带有脚轮，要留意它是否安全顺滑，在地毯上能否自如转动。

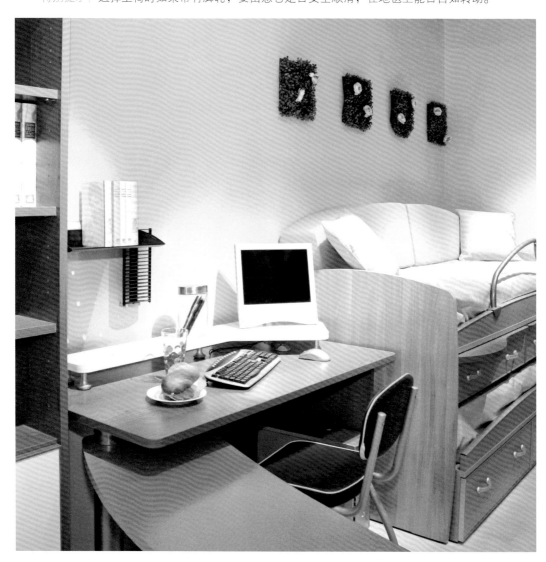

★学龄前儿童房应重视收纳功能

3～6岁时，宝宝游戏、学习的时间在加长，各种玩具书籍也逐渐增多，而好动的天性，使他们几乎不可能不乱丢玩具和乱放东西。因此儿童房的收纳工作更显重要，合理的收纳功能既方便家长整理，也可以从小培养孩子的良好生活习惯。

○睡眠区

3～6岁的儿童房应尽一切努力提高空间的使用率，给宝宝充足的地面玩乐空间，而不要让大床占据房间的中心位置。为了达成这一目标，可定做一张稍大的单人床，贴墙放在窗户的遮阳棚下方。床底下设置大型抽屉，可收纳体量较大的衣服和杂物。

○储物区

在儿童房中还需要充分利用空间，如可以在屋顶斜角下的空间中设置一个步入式衣帽间，为房间增加更多立体的挂衣空间；也可以放置具有多层收纳格的储藏柜在床的两端，合适的高度还可使其充当床头柜。

○开放区

利用一切可利用的角落，创造灵活多变的收纳空间，是这一阶段儿童房设计侧重的方向。创造整洁的空间环境，既可以加深孩子收纳的意识，又给予了他们更多自由嬉戏的空间。因此双层挂衣杆可以挂大量的衣服，而靠窗座椅则方便早晨换装，同时也是一个很舒适的阅读区；此外开放式的架子，也是这一时期儿童房中的首选。

游戏区玩具收纳的 6 个注意:

○ **带滑轮的收纳筐**

为宝贝准备一两个带滑轮的收纳筐，方便宝贝自己整理玩具，随玩随收拾，非常方便。

○ **好用又好看的密封盒**

宝贝的蜡笔、水彩笔、橡皮泥之类易丢失的小玩意儿，最好用尺寸较小的密封盒分类收纳，然后叠加存放。

○ **多抽屉的置物柜**

宝贝房间里的置物柜，最重要的是要实用，不同大小的抽屉可用来储存各自物品。

○ **墙面空间**

在墙上钉个漂亮的搁架，或者钉上几枚好看的挂钩。一些可以悬挂的小东西，比如球拍之类，就可以不必占用地面的有限空间了。

○ **悬挂式篮筐**

悬挂式收纳篮不仅节约空间，更重要的是，可以借此培养宝贝收纳的积极性——告诉他，篮子是玩具们的家，小熊"住"三楼，小兔子"住"四楼，每次游戏完毕要送它们回到自己的家。这样，宝贝就不会再四处乱丢玩具了。

○ **置物筐**

大小不同，但色彩、图案有着统一性的置物筐非常实用，把零碎小玩具装进去，再放进橱柜，不仅省事，看起来也更井井有条。

★学龄前儿童房的收纳应根据不同性别有所区分

3～6岁的孩子已经开始对文字有了初步的认识，这一时期的父母都很重视给孩子打造一个读书小天地；而书房家具主要包括书柜、书桌、坐椅三大件，尽可能配套选购，争取造型、色彩一致，从而营造和谐的学习氛围。

○男孩房

①收纳靠墙，玩乐居中

尽一切努力提高空间的使用率，给孩子充足的地面玩乐空间，不要让大床占据房间的中心位置，具有多层收纳格的储物柜则可贴墙摆放。选用开放式收纳家具，独特的造型能够吸引孩子的注意力，让他们有兴趣主动进行收纳。

②选用组合家具

组合家具能使空间加倍，有的儿童床集合了书橱、衣柜等多种功能，在意想不到的地方还有可伸缩的托板，可以放置随手可拿的小物件，为孩子留出更多的空间。

○女孩房

①利用墙上空间

在墙上装一些敞开口的搁架或者是挂钩之类，就可以用来存储物品了。可以根据高度来分别收纳不希望孩子触碰到的物品和希望孩子能够参与收纳的物品，同时还能够合理利用墙上的空间来张贴孩子喜欢的作品。

②功能区域，主次分明

女孩房收纳应该尽可能地功能多样化。将房间划分为学习区和会客区，学习区的收纳重点在于对工作台的合理利用，会客区要求干净整洁即可。

学龄前期儿童房的照明与灯具

　　3～6岁学龄前期的儿童不会经常在自己的房间中学习，因此在这个阶段对于房间的照明要求不会特别高。相对来说男孩子需要较为明亮一些的环境，而女孩子如果没有特别的要求，则可以选择一些柔和的灯光。此外，这个年龄段的孩子需要培养他们的自理能力，家长往往会让他们单独在自己的房间中居住，因此在床的旁边设置一盏台灯就尤为必要，可以方便他们晚上临时起夜，夜灯的位置一定要低于床，最好不要让灯光直射到孩子的眼睛。需要注意的是这盏灯的安全性要求较高，要防止孩子触电，也不要跌落惊吓到孩子。

学龄前期儿童房的环保与安全

★学龄前儿童的房间安全性更加重要

　　这一阶段的孩子，随着个人能力的增长，家长不会像小时候那样亦步亦趋地跟着，因此家中装修和家具的安全性就显得更为重要。在家长放手让孩子继续玩的时候，孩子们会展开大胆的探索，比如抠抠电源插座，或者拿牙咬一下家具，更有甚者会爬到洗衣机、冰箱里躲猫猫，因此装修材料和结构要充分考虑这些潜在危险，比如尽量选择无毒表面处理的家具，以及选择圆形或弧形设计的桌角和坚固不易破碎的台面。如果出现尖利的棱角，一定要配备圆形塑料的安全防撞角垫。此外，电源孔位最好用特别制作的绝缘物体堵上，防止儿童触电。

家中的其他空间

★客厅

这一时期的孩子已经开始上幼儿园，因此回到家中往往会做一些家庭作业，虽然只是涂涂画画，但还是需要桌椅。除了在他们的小房间中设置桌椅外，有些家庭还会在客厅里为孩子设置一个小书桌，方便家长一边做家务，一边照看他们。此外，这个时期的孩子，玩耍对于他们来说依然是重中之重。相对于婴幼儿时期，这一年龄段的男孩子对于玩耍的空间需求更大，他们往往会在客厅中开开属于自己的玩具车，将家中的小家具当成汽车推来推去，因此客厅中的预留空间一定要尽可能地大，家具选用的原则依然是少而精。

★厨房

这一时期的孩子动手能力往往得到提升，也开始懂得帮助家长做一些力所能及的家务，越来越多的孩子对于厨房的钟爱程度加强，尤其是女孩子喜欢在妈妈做饭的时候，帮着妈妈洗洗菜，或者在妈妈做面点的时候，自己也尝试跟着一起做。针对这些现象，厨房的地面一定要注重防滑性，此外一些锋利的刀具要妥善保管，孩子在厨房中的时候，家长要加倍留心他们的行动。

★卫浴间

这一时期的孩子越来越独立，开始学习使用成人用的马桶和洗手池，这个过程需要家人的耐心和宽容心。可以在成人的洗手池下方放个小板凳，让孩子像大人一样使用洗手池，并把他们用的牙缸、毛巾放到触手可及的地方。此外卫浴间中的橱柜可以把低矮的格子留给孩子用，把他们的东西固定地放在里面，让他们从小就懂得如何管理自己的东西。

3 7～12岁少年期的空间打造

对于7～12岁的青少年，环境设计的关键在于一个书香气息和私密空间的建立。这个阶段的孩子一方面要抓紧学习，一方面又要广交朋友，他们呼唤独立，渴望被了解，可能喜欢参与自己房间的设计，因此对于这个年龄的孩子房间设计，在确保安全、健康而且合理的前提下，父母可以尽量征求孩子的意见。

少年期儿童房的布置与色彩

★青少年的房间布置应听取当事人的意见

从7岁到12岁左右，是孩子的心理教育特别重要的时期，幼小的心里会有很多童真的奇怪的想法，有了老师的教导，开始告别幼稚的玩具，逐步走向成熟，需要一个安静阅读的场所。这个年龄段的孩子，校园里的丰富生活、与小朋友相互交往的感情在他们心里也显得特别重要。他们比较喜欢把学校里的作品或是和同学们交换来的东西带回家装饰房间，对房间的布置也有自己的主张、看法。因此，在此阶段装修儿童房，应在确保健康而且合理的前提下，尽量征求孩子们的意见，满足他们的喜好。

★青少年房间的功能应分布合理，学习与娱乐兼备

这个年龄层的儿童逐渐进入学龄阶段，因此，空间设计要开始考虑结合学习功能。比如，同样是一个有架空床的房间，床下的游戏区域可以改造成学习区域。另外，因为孩子学习用的书本以及杂物会渐渐多起来，还要考虑增加一定的储物空间。这个阶段不宜给孩子过大的压力，因此房间还要保留一定的娱乐功能，如在房间设置一个制作手工玩具的空间，可以培养孩子的动手能力也可以培养孩子的兴趣。总之，这个阶段的设计重点就是功能分布合理，学习与娱乐兼备。

除了学习，女孩们也需要和自己的朋友们玩耍，因此，这时的房间要预留出更多的空间，让她接待她的"闺密"们，幼时的那些玩具、推车之类，都可以退位，把空间腾出来。对每个女孩而言，爱好都是不同的，有的喜动，有的好静，但无论如何，就算发呆，也要留出空间给她。

★ 7 ～ 12 岁青少年的房间色彩应注重过渡协调性

随着孩子的长大，对色彩将会产生自己独特的喜好，此时可以多发挥他们的想象力，由他们自己来选择和搭配儿童房的色彩，而家人只要起到整体控制的作用即可。这个阶段由于房间的功能多为学习，不妨多以协调色调为主。譬如，海蓝色系列可以让孩子在小小的空间里感受到开阔、自由；橙色给孩子活泼欢乐的气息；绿色接近大自然，给孩子生命的活力。不同的颜色可以用来装饰不同的空间区域，但是在色彩使用上应该注意各种颜色之间的过渡和协调，不能影响整体美感。

最佳创意

○利用柔和中性色，打造宁静空间

色彩方面，考虑到这个阶段孩子的好动性格，一般不宜设置太过鲜艳的颜色，以防孩子读书时静不下心来。房间的主色调可以考虑选用浅蓝、浅黄、米白等比较柔和、中性的颜色。

○合理留白，打造更具探索性的空间

这个阶段的儿童房设计中还要注意留白，留白可以给预留留一些自我发挥的空间，便于成长过程中的孩子自由布置，他们会更喜欢。比如，可以在墙上挂些地图等，便于孩子探索科学，保持浓厚的学习兴趣。

少年期儿童房的家具与收纳

★青少年儿童房中的家具选购及布置要点

这一时期的儿童房中家具要少而精，合理巧妙地利用室内空间，最好是多功能、组合式的；家具应尽量靠墙壁摆放，以扩大活动空间；家具的高低要适合儿童的身高，色彩明朗艳丽；书桌应安排在光线充足的地方，床要离开窗户；常用的玩具和书籍最好放在开放式的架子上；室内若放置几盆绿叶鲜花，墙上挂些符合孩子情趣爱好的画和挂件，会更有利于儿童的身心健康。

★根据性别合理布置7 ~ 12岁青少年房间的家具

○女孩房

上小学后的小女孩，到了最渴望长大的年龄，在她们眼里，以前的那些儿童家具会显得"幼稚"，不再适合她们的身心发展了。此时，在休息、玩乐的同时，还需要一个良好的学习环境，如果将这些功能合理规划在同一个房间里，同时又能满足小女孩喜欢甜美、浪漫的愿望，就比较理想了。小女孩跟男孩不同，她们更喜欢安静地看书、写字，因此女孩房的书桌可放置于墙边，而小男孩的书桌最好离窗户较近（男孩好动，喜欢视线不受约束）。此时，一个带有转角的书桌最合适不过了，书桌与书架连为一体是近来较常见的设计款式，书架的多搁层足够摆放常看的书了，而书桌下一个可移动的抽屉柜则能有效地利用空间。

○男孩房

这个年龄的男孩，一般都是调皮捣蛋，性格活泼好动，个性鲜明，十分关注周围的一切事物。同时这个年龄阶段的男孩开始逐渐产生性别意识，因此，空间与家具的布置应符合男孩的心理特点。家具线条要比较硬朗，符合男孩子性格，在饰品方面可以选择"玩具总动员"、"狮子王"等比较受男孩欢迎的英雄人物主题，布置要相对地独立，旨在培养男孩子的"男子汉"精神；同时，由于这个阶段孩子的身高变化比较大，所以在选择家具时可以考虑一些可调节高度的书桌或椅子。

★青少年房间中学习区的家具选购及布置

这个阶段的孩子的独立性达到了一定的程度，学习将成为他们的一大主题。这时可以在儿童房中设置独立的家具，诸如写字台、书架等，而颜色的搭配上则稍微浅谈一些，让孩子能够自由舒适地使用房间。

○独立书柜：适用于儿童房空间不大的房间

可选择小巧的单门书柜、双门书柜。这些书柜可以自由组合，一个两个或者更多。可以根据空间的大小来调整和填充。

特点：这类书柜空间比较大，适合放比较多的书籍，而且一般有很多孔眼，搁板的数量、搁板间的距离可以根据书籍的高度和物品大小任意调节。

小提示：此类书柜的可调整性一般比较高，可以通过调整搁板间的距离，放一些不同大小的可爱的饰品，把房间的活泼的生活气息带出来。

○**组合书桌：适合于将书桌放在窗下的家庭**

书桌跟书架的组合，一般是一张书桌加一个桌上架。书桌则分为普通桌与转角桌。

特点：常用的书籍可以放在小书柜上，方便拿取；而不常用的则可以放在书桌的抽屉里，藏书量较少。

小提示：此类书桌一般与电脑桌合为一体，因此角度的选择也很重要，特别是显示器最好能放在正对键盘的位置。

○**藏在床下的书房：适合个子较矮的儿童**

一个 2 层的双架床，下面是一个小书房，书桌、书架一应俱全。可以说是最多功能的组合床了。

特点：最充分地利用了空间，床和书房位于同一位置的不同高度，比较适合小房间，这样可以腾出很多位置来。但是由于头顶上是床板，因此过低的空间可能会带来比较压抑的感觉，不太适合个子较高的儿童。

小提示：由于处于床板的下方，因此采光是一个最大的问题，台灯应选取比较亮的，或者多设置几盏灯，否则在光源不足的情况下阅读，容易造成视力下降；选择浅色系列的书桌和书架，从而让小书房看起来明亮点。

○床上的书柜：适合于追求看书非常惬意的儿童

床上的书柜不是位于床上，而是位于床头或者床尾。这是一种比较特别的设计。窝在舒服的床上，还能随手拿到想看的书，是一种非常惬意的感觉，这种追求舒服与方便的天性在小孩子身上会毫无保留地表现出来。

特点：藏书量相对较小，但由于放在床边，所以比较适合放置休闲读物。

小提示：除了放书，还可以在书架上放一些小饰品或小植物，让架子看来更个性化且有观赏性；由于放在床边，所以不适宜在高处堆放过多物品。如果可以，最好在上面几格装上拉门或者滑动门，以保证安全。还可以在书架上装些夹灯，方便查阅。

儿童学习桌椅的选购技巧：

○桌椅的造型最好要符合孩子的脊柱生理曲线，这样能保证孩子的健康成长。其中椅背的选择比较重要，不能光顾着舒服和好看而选择对孩子身体发育不利的椅子。

○目前市面上的儿童家具一般以松木居多，无论从价格、材质安全方面来讲，都是适合孩子的良好的板材。

○要注意家具的环保健康问题。孩子的学习桌椅的装饰、材质的环保性都要注意，要选择无异味的。家具中常见的污染就是甲醛，甲醛含量过高，会对身体造成刺激，容易引发慢性呼吸道疾病、影响生长发育。所以选择儿童学习桌椅是一定要注意这些问题。

少年期儿童房的照明与灯具

★青少年房间中的照明原则

7岁以上的孩子开始进入学校学习，在儿童房中游戏已不是他们生活的主要内容，取而代之的是在儿童房里做作业与读书。在这个年龄阶段，家长们开始锻炼孩子的自理能力，让他们学会独立学习和生活。因此，为这个年龄阶段的孩子打造相对安静的学习生活空间是至关重要的。而明亮清晰的灯光是儿童房必备的条件，尤其对于正处于学习期的孩子来说更是如此。理想的照明环境可以运用普照式的主灯，当蓝光从顶上反射下来时，一个梦幻般的银河就诞生了。建议主灯的照度不要太强，以柔和为宜，光源朝下，以避免眩光。此外为了保护孩子的视力，儿童房内的灯光一定要充足，建议家长们尽量避免为孩子选择那些造型可爱、色彩艳丽、但并不安全与环保的灯饰作为看书、做作业时的光源，选择灯饰时应强调光源的稳定性，采用可调节光线的灯具为佳。

另外书桌照明在儿童房中可谓是最常用的灯光了，它对照度有一定的要求，达到150~200lx（每平方米的流明数），便于阅读，同样不要产生眩光。有条件的还可以在书桌照明上面设置一个防近视仪器，孩子阅读时如果超过了感应线，灯就会自动关闭。书桌的照明要移动方便，接线要留有充足的余地，以方便围绕书桌调整，利于小主人阅读写作。

最佳创意

儿童房中最好选择玻璃罩朝上的灯具，使光通过磨砂灯罩的过滤照射下来，这样可以柔和许多，并能达到合适的照度。灯具的式样丰富多彩，选择活泼又有童趣的，能够营造儿童房欢乐的天地。主灯可以配合天花板吊顶造型的设计作为呼应，孩子喜欢异形天花板，如满天星、银河等造型。

家中的其他空间

★客厅

　　小学生白天的时光一般在学校度过，晚上回家主要在自己的房间做作业和睡觉，因此在客厅中的时间比起幼儿时大大地缩减。通过调研发现，小学生在客厅中的活动一般为看电视，和父母交流，以及坐在沙发上看书、读报。因此一个合适的沙发区域显得尤为重要，可以在沙发旁边摆放书架或边柜，用以放置图书。

玄关

　　玄关的布置应考虑小学生的需求，比如给他们预留一个单独放置自己鞋子的空间，或者设置衣架来帮助他们进门临时放置书包、红领巾等物品。此外玄关处还可以设置一面镜子，让孩子出门前打量一下自己的着装，从小培养孩子注意仪表的习惯。

★餐厅

　　小学生一般都不需要单独喂食，他们可以和爸爸妈妈一起吃饭，但是有些低年级的孩子还是不能做到有足够的自控能力，很多家长为了让孩子能坐定在饭桌前，会在餐厅里安装电视，殊不知这样的做法是极不科学的。因为孩子一边进食，一边看电视，十分影响消化，不利于健康。

★厨房

小学阶段是培养良好学习习惯的重要阶段，但是有些父母往往会很忙，因此建议可以在厨房中设置餐桌，这样不仅方便用餐，也可以在择菜、洗菜时照看孩子写作业。

★卫浴间

大多数小学生都能够独立使用卫浴间，如果条件允许，可以给为男孩子购买儿童使用的小便器，训练他们早早学会使用公共卫生间。此外在小学阶段的孩子，身高上还是明显低于成人，因此洗漱区的台面最好选用台上盆。台盆突出于台面之上，这样的台面比常见的台面低了至少10厘米。台面后面墙上的镜子也可以低到孩子看到自己的高度。这样虽然低年级的孩子有时还需要站在板凳上来完成洗漱，但未来的几年，则无需帮助就可以独立使用。

★阳台

如果家中的面积有限，可以把阳台打造成书房，将这里作为读书的场所。此外，也可以在墙上预留网线口，小学生可以在这里玩游戏，或者查阅资料。

4 儿童房装修的必备常识

色彩篇

★色彩与儿童心理

儿童房间的装修设计要素就是装修色彩的丰富性。儿童的形象思维能力一般要长于抽象思维能力，想象能力强，通常比较喜欢做五彩缤纷的梦。这一心理特点反映到色彩上，就是喜欢丰富而艳丽的色彩。在儿童居室的装饰装潢设计中，一定要照顾儿童的这一心理特点，满足儿童在色彩上的审美需求，用热烈、饱满、艳丽的色彩去美化儿童房间，使儿童的生活空间洋溢着希望与生气，充满着想象和幻想。

○孩子自己做主 选用积极色彩

由于每个小孩的个性、喜好有所不同，因此，对房间的色彩要求也各有差异。但小孩自身并不知道这种差异，要真正把握小孩的喜好，就需要父母多与孩子沟通，并及时将信息反馈到设计师那里；此外，设计师要注意观察小孩的生活细节，从细微处看出小孩的心思。

不同阶段的儿童，有不同的色彩需求，在做儿童房装修设计中，更重要的是考虑儿童的年龄段。很多的业主家长总是觉得孩子没有长大，而实际上他的孩子可能已经处在另外一个年龄段，而业主却停留在他的认知要求里。作为设计师，要经常跟儿童沟通，考虑儿童在什么年龄段，他需要的视觉效果是怎么样，而不是一味地的仅仅满足家长的要求，或者是设计师自己的想法。

○不同性格 应选不同的色彩

科学证明，颜色对于儿童的心理成长起着巨大的作用。不同性格的孩子对颜色有不同的需要。对于性格软弱、内向的孩子，宜选用色彩对比强烈、棱角分明、造型独特的家具，以刺激神经的发育；而对性格急躁的孩子来说，就应挑选色调淡雅、线条柔和的家具，淡雅的颜色有助于塑造健康的心理。另外，绿色对儿童视力发育有益；蓝色、紫色可培养孩子安静的性格；粉色、淡黄色有助于女孩温柔、乖巧性格的养成。

★色彩与性别

儿童房的色彩选择男女有别。男孩子的兴趣爱好和女孩子不同，他们更倾向于简单干净的冷色调，因此最好选择青色的家具，包括蓝、青绿、青、青紫色等。女孩子的房间相对于男孩子在配色上更适合暖色，如红色、粉色等，这样更容易营造出小公主的姿态和女孩子"娇滴滴"的感觉，白色和粉色相结合的儿童床、儿童衣柜以及书桌，将这种可爱的氛围渲染得淋漓尽致。黄色系则男女通用。除了选择好家具的颜色，墙面颜色也要和家具相搭配，可以选择环保的乳胶漆和墙纸。

★ 色彩与儿童家具

市面上各品牌儿童家具，无不在色彩上做足文章。面对儿童家具五彩缤纷的诱惑，家长到底该如何挑选？

首先，家长可以根据孩子年龄、性别的不同，合理搭配颜色、图案和造型，让略显拥挤的空间变得更为活泼灵动。如女孩以粉红、豆绿等为最佳，可适当搭配大花或鲜花；而男孩则以灰蓝、紫罗兰等冷峻色彩为佳，并尽可能选择星星、月亮等特殊造型，这样可以培养孩子的阳刚之气和丰富的想象力。此外丰富的色彩和富于变化的图形也是儿童家具选购的要点。

其次，家长选购儿童家具时切忌颜色太杂或大红大绿，以及颜色太过鲜艳夺目，否则可能只注重了色彩的视觉冲击力，从而忽视了色彩对儿童的危害性。因为太过艳丽夺目的彩色家具，对儿童的视力、性格、情绪和神经发育都可能产生不利影响，从而为其今后的成长埋下祸患。

★ 色彩与软装

○ 窗帘的色彩搭配

窗帘是房间中一个容易被忽视，但又经常干扰到颜色系统的部件。如果是暗色的房间，窗帘的颜色最好与房间形成截然相反的对照，而不要选择同类色，否则，整个房间就会被很重的颜色包围。如果房间是暖色，更多的时候会搭配一个中性颜色的窗帘，比如以红色为主题的房间，搭配白底碎花或者浅色的卡其色条纹的窗帘来达到色彩的平衡。

★色彩与手绘墙

一面丰富多彩的手绘墙是儿童房中的点睛之笔。在绘制手绘墙时需要注意，儿童房的色调要求比成人深，需要统一合理的搭配，不合理的色彩会对小孩子的心理产生负面影响。因此，在颜色设计时，既要满足儿童本身的喜好，又要经过设计师的取舍，来保证最好配色方案。此外，绘制儿童房中的手绘墙时，图案的选择可以卡通，可以动漫。在设计时，要对孩子本身情况做个了解，有没有特别喜欢或者不喜欢的图案。多元化的图案，能够带给儿童想象的空间，有助于提升儿童

想象力以及智力。同时手绘墙的图案与配色要相辅相成，做到和谐统一。一般卡通图案大多具有丰富的色彩，因此在画师绘制前应做好效果图，并保证效果图与实际图相差无几。

★不同色系在儿童房中的运用

○中性色定调的颜色倾向

中性颜色用得比较多，像白色、很浅的灰色，或者是一些中性的咖啡色、卡其色，都可以归类为中性的颜色。中性颜色没有明显的视觉倾向，是一个很中立的颜色，比较冷静又不失生活的气息。儿童房不一定做得五彩缤纷或者使用很绚烂的颜色，要根据儿童不同的个性去搭配不同的做法。设计一个中性颜色房间的时候，可以根据孩子的性别、年龄段搭配不同颜色色系的装饰的被单，而不是绝对地通过去做统一的颜色系统来产生一个固定的效果。根据需要生动地调整设计的效果，而不是单一地固定墙面颜色。

○暖色系定调的颜色倾向

暖色系定调的颜色的倾向，很多时候会让人联想到女孩子的房间，比如说粉红色、红色或者是橙色，高明度的黄色或者是棕黄色。这一类的颜色不适合大面积地使用。像黄色或者是红色，如果在墙面大面积地使用，会产生视觉的疲劳，并且让居住者的神经经常性地达到比较兴奋的状态。因此，如果业主喜欢冲击力比较大的颜色，在设计手法上应该是挑选局部来去做，再搭配大面积中性的颜色。

○冷色系定调的颜色倾向

冷色可以令人联想到蓝色、紫色、黑色、深灰色，因此更多地会选用在男孩子的房间中，比如深蓝色或者是一些比较暗的颜色。设计的时候要注意，暗的颜色如果是大面积的使用，会让房间感觉比较阴暗或者压抑。如果喜欢这种暗颜色，或者打算用这种比较暗的颜色达到使孩子心情平静的效果，可以在使用的时候加一些明度很高的图案，或者增加一些有节奏的亮点来提亮整个房

间。比如，可以做一些壁灯，让暗颜色和光线结合在一起。可以选择专门为儿童房设计的灯具，比如瓢虫、星星月亮或者是军舰、小飞机这一类造型的壁灯。这种灯光本身就是暖光，直接照射在暗色的墙面以后，能够焕发一些新的效果。

★最适合儿童房的色彩

○粉色

彩色笔中，粉色是必不可少的一种颜色。小朋友画画都很喜欢用粉色点缀他们的作品。特别是女孩，粉色永远是她们的最爱。因为粉色代表着可爱、甜美、温柔、纯真，以及美好的回忆。

○绿色

绿色代表着万物复苏，生机勃勃。绿色是以自然界的动物与植物为题材，有利于保护孩子的眼睛，还有利于教育孩子爱护动物、爱护植物、爱护大自然，有利于培养孩子保护环境、节约资源的生活方式。

○黄色

黄色给人轻快、透明、充满希望的色彩印象。这种颜色会让人感觉很温暖，像冬日的阳光普照在身上一样。

贴心蜜语

根据暖色具有前进、膨胀感，冷色具有后退、收缩感这一特征，狭小的房间宜多用暖而明亮的颜色，将狭小房间的天花板和墙壁喷刷成暖色，就会使空间感觉有所扩大。

○白色 + 蓝色

　　白色给人以纯洁无瑕的感觉，象征着神圣，使人联想起雪、月光或云彩；而蓝色是神秘而宁静的色彩，给人以沉静、清澈的感觉，所以在儿童房色彩上选择蓝色和白色，能使孩子感觉生活在蓝天白云之间，这样也会让小孩的心情非常舒畅和愉悦。

★混搭色彩在儿童房中的运用

很多时候设计师或者专业人士会用色卡去搭配一些颜色给业主看，其实这样的颜色组合出来的效果是非常好的。但在实际实施的过程中，或者在生活当中，我们的业主自己进行颜色搭配的时候，就很难按照这种配色的比例或者配色表进行合理的搭配，甚至有可能搭配出来很混乱的颜色。

在儿童房里，颜色混搭是运用最多的主题。如果能够控制搭配的效果，那么混搭当然是非常好的选择。但没经过专业训练的业主自己去构思或者是搭配颜色的时候，这种难度是非常高的。所以建议大家可以考虑挑同类色这种方法，来创造自己喜欢的效果。比如业主喜欢的是绿色，那就在绿色附近去挑一些浅绿、深绿，或者是偏绿的蓝来搭配。借助这个小窍门，可以帮助大家达到自己满意的设计要求，做出一个完整的效果。

儿童房颜色装修准则：

1. 儿童房可以用蓝色与橙色进行鲜明对比，这样可以烘托出房间的活泼气氛。

2. 温馨、淡雅的暖色调，帮助女孩形成高贵、典雅的公主气质。

3. 儿童房的主体色调应该鲜明，但不该艳丽，和谐而丰富的色彩可以使儿童房生机盎然。

4. 儿童房可以选用近似色来塑造，这样可以呈现出恬淡、温柔的女孩卧室风格。

5. 儿童房的布置也要遵循"天清地浊"的原则，屋顶尽量用比地板更浅的颜色。

家具篇

★儿童家具的几种类型

○实用型——很适合小主人使用

处于儿童期的小朋友大多活泼好动，结合小主人的性格特点和生活习惯，可以采用鲜活的暖色调和多元的几何造型等设计元素营造出童话般的世界。在家具选择方面，大大的储物柜便于存放各种玩具，几何形体与冷暖色彩的对比可以使空间显得动感十足，床和写字桌的收纳功能也需要遵循这一原则。

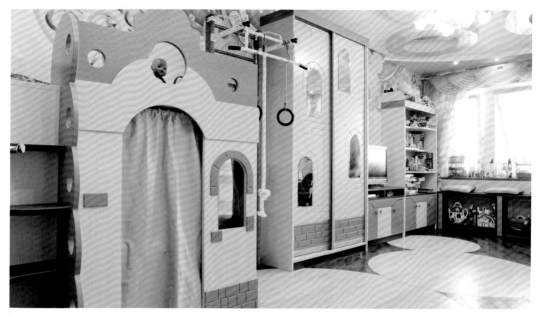

○梦想型——巧用富有想象力的配饰

处于儿童阶段的孩子最重要的事就是玩儿，而且如何使他们在玩乐中发挥想象力与创造力，也是儿童房装修中重要的一点。多姿多彩的空间既加深了孩子对外部世界的认识，又给予了孩子自由嬉戏的宽敞空间。一个美术作业、一件手工折纸都成为经典装饰的主角，同时在书架上、窗台上摆上一两株花草，不仅可以调节屋内空气，同时也能让孩子接触自然。

○展示型——体现小主人的兴趣爱好

孩子们往往有着与大人不同的思维，他们的兴趣爱好，需要父母不断地发掘，同时帮助他们成长，将孩子的爱好充分放大。因此可以在床头设计一个展示柜，把平日里小主人喜欢的东西集中进行展示。其他柜体在设计中也要考虑到儿童喜欢乱丢东西的特性，大空间、大隔断、摆放触手可及等，这些家具可以让儿童房变得整齐、干净，既方便了家长收拾房间，又容易从小培养孩子良好的生活习惯，可谓是一举多得。

○游戏型——设计一个室内滑梯

　　玩耍是孩子的天性，小主人活泼好动的个性特点要与整个装修设计紧密融合。因此可以在家中摆放儿童滑梯，让其成为儿童房装修中个性设计的一大亮点，给小主人创造了爬上爬下、自由玩耍的天地，让朝气蓬勃又活泼好动的孩子在这充满想象的空间里自由舒展身心，快乐成长。

★ 儿童房中家具的组合方式

○家具大组合

在家具市场里，或者是设计师设计家居时，儿童房的布置已经是限定了一个大的框架，称之为大组合。在大的组合上，应该以从简极简为优选，而不是复杂的层叠交错。但是大组合不等于没有组合性，其实大组合更强调的是清晰的使用功能，而不是单纯的视觉要求。

最好选择一些简单的家具，而不是错综复杂、让人觉得琳琅满目的组合。从设计方面说，居住的要求既是多元的，但也是很清晰的。在儿童房间里，要充分发挥房间的休息和学习的功能。在这个前提下，设计就会延展到床和书架的组合，这种床和书架还可以组合出可供孩子攀爬的功能，产生一个很有意思的攀爬梯子。

选择儿童房家具大组合时，家长首先会考虑品牌问题。国内有很多品牌可以提供幼婴、儿童或者是青少年的家具主题定制。业主到店面挑选的时候，已是五花八门，面对各种不同性价比的产品，无从下手。在选择大组合的时候，要以简单为核心的原则去操作。在设计儿童房时家长经常会考虑，要不要搞两层的，上面睡觉，下面可以钻到柜子底下写作业；或者选择子母床，这边拉开家长可以陪同。很多时候我们会考虑非常多的功能，但是现在的主流设计可能更多的在家具品质部分，大组合部分已经减弱到很低的程度。

业主要为房间界定一个清晰的功能。儿童房原先的功能焦点就是一个非常舒适的休息的地方，现在可能休息的空间是不重要的，最重要的是创造一个可以很好地玩耍的空间；或者选择在空地上玩耍，每个人的定位都不同。因此，业主要有一定的取舍，不能要求家具既要能够多功能上下穿爬，又要能够折叠展开，还要能提供宽敞空间。总之，儿童房间功能设计要有所侧重，不要追求面面俱到。

○家具小组合

　　小组合更偏向个性的发挥，所有的设计都会预留一定的延展性给到甲方或者业主来创作。做儿童房设计，如果是进入房间以后，任何东西都不能再添加或者是创造新的效果的话，这样的设计是比较沉闷的。所以在小组合部分就是要让业主充分地发挥能动性，创造自己需要的效果。

　　例如，在书架的设计中会更多地预留一些长条形的空位，穿插在书桌里，让小主人可以在这个空间自由摆设，而不只是摆书或者玩具。业主去创作小组合的时候，可以选择的方向非常多。像宜家家居，它的多元性和多层面方式的组合都有非常多的选择，完全可以在大组合确认的前提下，发挥更多的灵感，令每一个家庭的儿童房，都有异于其他人，但是又都非常可爱或者非常有效果。小组合和大组合在最后由设计师整合起来，让它们能够完全地融合在一起，达到一个满意的效果。

★父母要知道的儿童家具选购原则

　　虽然儿童家具的使用者是孩子，但家具的选择却是爸爸妈妈。爸爸妈妈只有了解儿童房的基本功能和基本原则，才能帮助孩子实现居家的健康、安全，找到适合孩子成长需求的产品。

　　○了解儿童房的基本功能

教育功能	通过产品色彩和场景运用，寓教于空间布置或场景中。
睡眠功能	儿童房在灯光和床品布置方面必须满足孩子的睡眠需求。
玩耍功能	满足孩子自由活动、游戏功能，培养其丰富的想象。
学习功能	儿童房必须要有学习、阅读区域。
储物功能	孩子有许多衣物和玩具，要有玩具展示和衣物收藏的多功能柜。

○遵循儿童房设计的基本原则

儿童房关系到孩子身心健康成长和性格形成，必须满足孩子对空间和色彩的需求。爸爸妈妈们除了选择专业的设计师外，还要遵循以下几个原则：

共同参与规划	小孩的个性、喜好不同，对产品、房间的摆设要求也有差异。父母在选择儿童房时，要多与孩子沟通，倾听他们的意见，让孩子共同参与设计、布置自己的房间，引导孩子思考，培养孩子独立的品格，开发孩子的创造力。
充足的照明	选择通风好，阳光充足，周围环境安静的房间，选用合适且充足的照明（儿童房的照明度一定要比成年人房间高），让房间温暖、有安全感，消除孩童独处时的恐惧感。
柔软、自然的素材	以柔软、自然素材为佳，如地毯、原木、壁布等，可营造舒适的睡卧环境，也令家长没有安全的忧虑。
明亮、活泼的色调	以明亮、轻松、愉悦为主，以培养孩子健康向上的心态。

★儿童家具选购注意事项

○儿童家具莫选太"艳丽"的

在选购儿童家具时，不少家长认为色彩艳丽的产品对孩子的成长有好处。其实不然，专家建议消费者选购儿童家具时，最好不要选购那些色彩过于艳丽的产品，因为太过艳丽夺目的彩色家具可能对儿童的视力、性格、情绪和神经发育产生不利影响，同时大多数鲜艳的油彩都含有铅等重金属，儿童长期接触会影响发育。

○莫选尖锐棱角和密闭橱柜

在购买儿童家具的时候，要注意边缘棱角之处要处理得圆滑。对于喜欢"躲猫猫"藏到密闭橱柜的孩子，因为存在着窒息的潜在危险，所以应选购带有透气孔的、没有自动锁门装置的儿童家具。

○莫选黏合剂量大的儿童家具

最好选择黏合剂用量少的家具，其甲醛含量相对较低。环保水平由低到高排列分别是：中密度板、刨花板、大芯板、胶合板、层积材、集成材、实木。最后要仔细查看家具的检测报告，包括板材和油漆检测等指标。

★ 书桌的选购知识

○用料要环保

书桌的一般用料有木材、人造板、塑料等，这些材料各有特点，但都要在坚固、实用的前提下选择。具体说就是要求环保无异味，表面的涂层应该具有不褪色和不易刮伤的特点。

○尺寸要科学

选书桌椅，也得选择符合人体工程学原理的，书桌椅的尺寸要与使用者的高度、年龄以及体型相结合。一般来说，儿童书桌的标准为长1.1～1.2米，高0.76米，宽0.55～0.6米；椅子的标准为座高0.4～0.44米，整体高度不超过0.8米，基本上可以满足学龄孩子的需要，当然这个尺寸对于学龄前儿童或大学生不适用。

★儿童房中的家具要注重成长性

○宝贝一晃就长大了，因此购买儿童家具时应选那些能使宝贝从小用到大的家具。我们不能给五岁的宝贝买二十岁青年的衣服，但可以给宝贝买一张可以用到二十岁的床。

○家具的颜色不要太鲜艳，以中性色调为好，这样可以适合宝贝的不同年龄段。

○书桌、椅子的高度最好可调。这样，不仅可以使其使用长久，更可以宝贝培养正确的坐姿，以保护视力和脊椎发育。

○不同年龄的孩子对床垫的要求不同，要选择一张会长大的床垫给孩子。青少年成长床垫，可以通过内材结构的密度分布及使用方法的转换调整从而达到一张床垫让 1～18 岁的人群均可使用。

材料篇

　　由于儿童的活动能力强，所以在儿童房空间的选材上，宜以柔软、自然素材为佳，如地毯、原木、壁布或塑料等。这些耐用、容易修复、价格经济的材料，可营造舒适的睡卧环境，也令家长没有安全上的忧虑。

　　此外，在孩子的活动天地里，地面应具有抗磨、耐用等特点。通常，最为实用而且较为经济的选择是刷漆的木质地板或其他一些更富有弹性的材料，如软木、橡木、塑料、油布等。尽管如此，所有这些地面材料都无法像地毯那样对摔跤等意外情况更具保护性，想要兼而具之，取两者之长，就是在坚实耐磨、富有弹性的地板面上铺一块地毯。

贴心蜜语

　　〇橡胶地板在通常情况下稍逊于软木，但就其实用价值来说，也是一种耐磨、保暖、柔和、有韧性且易于清洁的地面材料，光滑平整的表面也便于"行走玩具"的前行。具有多种颜色的特点更是其他材料无法相比的，其中包括那些对于儿童房间再理想不过的明亮的色彩，不过，橡胶地板的铺设需专业人员来进行。

　　〇地毯建议铺设在床周围、桌子下边和周围。这样可以避免孩子在上、下床时因意外摔倒在地的磕伤，也可以避免床上的东西掉在地上时摔破或摔裂从而对孩子形成伤害。对于那些爱玩积木，喜欢电动小汽车的孩子来说，则不宜在他们经常玩耍的地面上大面积地铺设地毯。

环保篇

★儿童房中的装饰材料选择要慎重

目前市场上出售的各种室内装饰材料，基本上都或多或少地含有对人体有害的物质。有的由于有害物质含量比较少，很容易被人们忽视，但对于正在成长的孩子来讲，却非常有害，容易诱发各种疾病，甚至会影响其正常发育。

因此在选择购买装修材料时，要选择一些苯、甲醛等有害物质达标的装修材料。在市场上进行选择时，一定要睁大眼睛，关注方方面面，不仅要看材料的品牌，而且要详细看他的材料是否达到了国家规定的环保要求，只有达标的东西才是可靠的，虽然也会有少量的有害物质，但是对人体的危害并不大。

除了装修的主材料，对于装修辅料也要多做一些要求，比如胶黏剂、油漆稀料还有防水材料等，都要有环保方面的要求。这些辅料更加容易造成污染，而且往往不被人所注意，因此在选择时，要多看看，同样需要选择环保达到了国家要求的材料。

除了注重装饰材料的环保问题，在装饰儿童房时还要尽量选择简单一些的装修。最好选择简约风格的装修，减少装饰材料的运用，同时也减少辅料的使用和施工量。儿童房的功能很简单，就是为了让儿童更好地成长，健康地生活，快乐地学习和玩乐，所以不需要很多功能型的东西。简单的装修能够减少有害物质，而且让孩子有更大的发挥空间。同时，房间的墙壁尽量不要选择张贴壁纸。因为壁纸用到的胶黏剂过多，容易含有一些有害的物质，减少壁纸的使用，能够更好地达到儿童房的环保卫生要求。

儿童房中的环境要素	
二氧化碳	二氧化碳是判断室内空气的综合性间接指标，如浓度增高，儿童会感到恶心、头疼等不适。
一氧化碳	一氧化碳是室内空气中最为常见的有毒气体，容易损伤儿童的神经细胞，对儿童成长极为有害。
细菌	总数小于 10 个 / 立方米。儿童正处于生长发育阶段，免疫力比较低，要做好房间的杀菌和消毒。
室内空气温度	儿童的体温调节能力差，夏季应控制在 28 摄氏度以下，冬季室内温度应在 18 摄氏度以上。但要注意空调对儿童身体的影响，合理使用。
相对湿度	应保证在 40% ~ 65% 之间。湿度过低，容易造成儿童的呼吸道损害；过高则不利于汗液蒸发，使儿童身体不适。
空气流动	在保证通风换气的前提下，气流不应大于 0.3 米/秒，过大则使儿童有冷感。
采光照明	儿童在书写时，房间光线要分布均匀，无强烈眩光，桌面照度应不小于 100lx。
噪音	儿童房间的噪音应控制在 50 分贝以下。噪音对儿童从脑活动影响极大，一方面分散儿童在学习活动时的注意力，另一方面，长时间接触噪音可造成儿童心理紧张，影响身心健康。

★儿童房中需要防范的几种污染

○甲醛污染

专家认为甲醛超标对儿童造血器官的影响可能比成年人更严重。儿童有着不同于成年人的血液学特点，其造血功能不稳定，造血储备能力差，造血器官易受感染，容易发生造血器官营养缺乏。同时，甲醛成为儿童哮喘病的主要诱因。

○放射性物质污染

这是诱发白血病的主要原因，另外室内环境污染是造成感冒流行的主要原因之一。

○金属污染

有毒微量元素对人体有极大的危害，甚至某些微量元素与肿瘤有关。

○铅污染

空气中的铅颗粒主要悬浮在离地 1 米左右的大气层中，其铅浓度是距离地面 1.5 米处的 16 倍，儿童的呼吸带正好处于这一位置附近，而且儿童呼吸道对铅的吸收率是成人的 1.6 ~ 2.7 倍。儿童肠胃消化能力较成人强，可肾脏排泄功能只有成人的 60%，再加上儿童口、手动作多，易触及和吞食含铅颗粒，所以儿童比成人更易发生铅中毒。

贴心
蜜语

要拒绝污染，确保安全，就必须知道有哪些污染物，它们是从哪儿来的。据国内外室内环境专家研究证实，儿童房室内环境中的常见污染物质不下几十种。其中因装修产生的室内环境污染物质主要包括：甲醛、苯、挥发性有机化合物和氡气四大类。

○甲醛主要来自于人造板材、装修用胶黏剂、涂料中的黏结剂；

○苯和挥发性有机化合物主要来自于油漆、涂料及其稀释剂等溶剂型装修材料，同时，它们也是室内重金属污染物质，如：铅、汞等的主要来源；

○氡气污染主要来自于含有较高放射性物质的天然石材，如大理石、花岗岩等。

★ 应对儿童房污染的对策

○儿童房的装修要保证科学、环保、无污染。特别是要注意不打地台、不铺地毯、不做吊顶、少用有颜色的油漆和涂料。

○儿童房的家具选择要注意：按照国家标准进行选择；注意家具体积不要超过房间的50%；人造板家具注意严格封边和全部用双面板；儿童的衣物放在新家具里面时要进行封闭包装。

○注意儿童房的通风。为了保证安全通风，应该安装有上旋通风装置的窗户，通风不好的房间应该安装新风换气装置。每天应该保证早晚通风一次，每次应该在半小时以上。

○注意防止儿童用品和衣物的甲醛污染，如房间的窗帘、新买的衣物、布艺家具、布制玩具等。

○做好室内环境污染的预防和治理，新装修的儿童房应该进行通风和净化，根据不同季节，一般应该通风15～30天。按照国家标准进行检测合格再入住，进行室内环境净化治理一定要听取专家的意见，选择合格的净化治理产品，防止造成二次污染。

儿童房装修安全 10 要素	
1	装修设计时要采用室内空气质量预评价方法，预测装修后的室内环境中的有害物质释放量浓度，并且预留一定的释放量浮动空间。因为即使装修后的室内环境达标，但是摆放家具以后，家具也会释放一定量的室内环境污染物质。
2	选用有害物质限量达标的装修材料。
3	施工中的辅材也要采用环保型材料，特别是防水涂料、胶黏剂、油漆溶剂（稀料）、腻子粉等。
4	推崇简约装修，尽量减少材料使用量和施工量。
5	房间内最好不要贴壁纸，可以减少污染源。
6	儿童房不要使用天然石材。
7	儿童房的油漆和涂料最好选用水性的，价格可能会高一些；颜色不要选择太鲜艳的，鲜艳的油漆和涂料中的重金属物质含量相对要高，这些重金属物质与孩子接触容易造成铅、汞中毒。
8	与装修公司签订环保装修合同，合同中要求施工方竣工时提供有资质部门出具的室内环境检测报告。
9	儿童房家具最好选择实木家具，家具油漆最好是水性，购买时要看有无环保检测报告。
10	儿童房内不要铺装塑胶地板，市面上的有些泡沫塑料制品（类似于拖鞋材料），如地板拼图，会释放出大量的挥发性有机物质，可能会对孩子的健康造成影响。儿童间最好选用易清洁的强化地板或免除跌打受伤的软木地板，也可以选择避免接触污染的抗菌地板。儿童房间的地毯要经常清洗，以免造成螨虫或者细菌污染。

安全篇

儿童房的安全分两个层面，第一个层面是基础安全，是指装修要安全。装修后的房间不会因空气污染、放射性污染等对宝贝产生危害；第二个层面是日常安全，是说装饰用品、家具等不会危害宝贝。如果家具等摆设选择不当，同样会给宝贝造成"硬伤"。

为了家中萌娃的安全必须知道的常识
基础篇

1	切勿将刀具等尖利的物品放于家中易于被儿童接触到的地方。菜刀、水果刀、剪刀、针等东西，都存在安全隐患，家中有儿童的居室内，这些物品都应妥善放置。家长需要做的事： ○厨房里，所有的橱柜都应上锁，刀叉等厨具应放在柜橱或抽屉里，并上好锁。 ○父母用的带尖头的用具和小件物品如剪刀、刀具、针、珍珠项链、笔帽等放在上锁的抽屉中（或放到儿童不易取到之处）。
2	家中的电器应妥善放置。家中的电器用完之后应立即切断电源，并放置到合理的地方进行收纳。 家长需要做的事： ○必须把电熨斗放在儿童无法触及的地方。熨完衣物后应该马上拔下电熨斗的插头，并将之放在儿童摸不到的高处。还应该把电源线卷起收好，以免烫伤或砸伤孩子，因为许多事故都是由于儿童伸手去拉电源线而造成的。 ○电饭锅要放在孩子触及不到的地方。
3	家中尽量避免出现化学物品。小孩子的好奇心往往较重，遇到盛装液体的瓶瓶罐罐，总会忍不住好奇心去品尝，因此在家中要尽量避免化学物品的出现。 家长需要做的事： ○要像管理自己的金银首饰一样管理家里的药品，放置在上锁的抽屉或箱子中。 ○孩子不能接触的化学品(酒精、汽油、清洁剂、农药以及酒)等要格外保存。清洁剂、清洗剂不要放在地上，避免孩子误食。 ○永远不要用饮料瓶子装化学用品，如酒精、汽油、清洁剂、农药等。

基础篇	
4	家中的各类绳索应注意存放方式。在家庭装修中，绳索一般是必备的材料，但由于绳索的特质，有时会造成缠绕儿童的现象，引起安全隐患。 家长需要做的事： ○屋内的窗帘和布置不要使用绳索，防止绞杀孩子。 ○所有的电源线不应随便放置，尤其是不能垂放。
5	其他： ○使用冰箱后，及时关紧冰箱门，必要时可以用绳子拴紧。 ○家中的点火用具要放在上锁的抽屉中（如，打火机、火柴、烟火）。 ○注意家里的电源插座，要用加盖的电插座，或者给插座装上保险盒。 ○家中的暖瓶或饮水器要放在孩子触及不到的地方。 ○要确保家里的低的桌子特别是玻璃的桌子、沙发等四边为圆角，或者把棱角分明的地方包裹起来。
硬装篇	
6	门上设置门吸和专用门卡，防止幼儿夹手，最好采用铜制把手，铜离子能够杀灭包括大肠杆菌在内的多数致病细菌；另外门锁要安在儿童够不着的位置。
7	家庭中如果有楼梯，楼梯栏杆间的距离要不能让孩子钻出，楼梯口最好有一扇安全门。
8	窗台边要保证没有可攀爬的凳子和桌子等；窗边不放置摇篮和其他家具。
9	儿童房的窗户外一定要安装护栏（或窗户是儿童不易开启的）。
软装篇	
10	儿童房最好不要摆放镜子和风铃，从安全的角度讲，镜子和玻璃做的风铃，易掉落破碎，会割伤孩子；镜子中的影像容易给孩子的精神造成紧张，影响休息睡眠。
11	不要在儿童房张贴凶神恶煞、好勇斗狠的图画，这些会对孩子形成潜移默化的影响，天长日久，会给他们的成长带来不利。
12	家中若放置地毯，要注意不要太小，因为地板上的小块地毯有时会打滑，摔倒儿童。
13	有的孩子喜欢拿席梦思当蹦蹦床玩，如果窗户离得很近，则可能会从窗户掉出去。
14	家里地面要保持干燥、不滑，因此在洗手间、洗手盆前和楼梯附近最好放上防滑垫。

★儿童房中摆放植物需要注意的事项

儿童房间也需要布置绿色植物，使他们能与自然亲近。园林专家表示，布置绿色植物在培养孩子动手、动脑的同时，还可以启发他们探索自然奥秘的兴趣。儿童房间布置绿色植物以有趣味性、知识性和探索性的植物为主体，可以盆栽一些观叶植物，如球兰、鹤望兰、彩叶草和蒲苞花等。同时芦荟、吊兰、虎尾兰、非洲菊、金绿萝、紫菀属、鸡冠花、常青藤、蔷薇、万年青、铁树、菊花、龙舌兰、桉树、天门冬、无花果、蓬莱蕉、龟背竹等都很适宜摆放于儿童房。但专家也提醒，在儿童房里，各种有刺的仙人掌和多肉类植物并不适宜摆放，因为这些植物容易发生危险；而天竺葵、含羞草和石蒜等，接触过多也会引起孩子头发脱落。此外，儿童房里摆放少量可以吸收室内空气中污染的花卉植物，不仅可以净化空气，还有美观居室的作用。

需要注意儿童房中不宜摆放过多植物，原因有两点：一是如果把过多植物放在他们的房内，植物会跟儿童争抢空气，不利儿童成长；二是从生理卫生方面来说，植物的花粉可能会刺激儿童稚嫩的皮肤，以及呼吸系统的器官，从而产生过敏反应。另外，植物的泥土及枝叶容易滋生蚊虫，对儿童的健康也不适宜。

第三部分

萌娃成长空间秀

　　家有萌娃的家庭，父母应依据儿童不同时期的需求，来为儿童塑造合理的空间，这不仅体现在儿童房的装修设计上，也体现在家中不同空间的塑造。因此作为父母应充分了解萌娃的心理与需求，力求打造出一个令萌娃快乐成长的家居环境。

1 家有3岁小可爱

一层平面布置图

地下室平面布置图

★户型档案

户型结构： 公寓房

项目面积： 220 ㎡

设计师： 李锋

主要材料： 茶镜、松木、仿古砖、墙纸等

★业主诉求

　　家有小女，小名瑶瑶，今年3岁。以前，她都是与保姆一个房间。为了培养她的独立性，我们计划给女儿打造一个梦幻般的空间。由于女儿非常喜欢粉色，同时对大自然中的花花草草十分喜爱，因此我和老公在和设计师沟通后，将家中的风格定位为田园风格。新房装修后，女儿对自己的房间特别满意，经常一个人在房间中玩耍，或者坐在小书桌上读书。

客厅中沙发背景墙采用了手绘的方式，十分符合瑶瑶喜欢大自然的天性。

餐厅的设计延续客厅的风格，设计得唯美而梦幻；桌上的绿植也为空间带来大自然的气息。

主卧室的色调清新、淡雅，一侧墙面的柜体上摆放了与女儿平时的合照，令空间显得异常温馨。

居室中的一间次卧被打造成"儿童王国"，设计师充分利用了墙面的空间，将其设计为展示区，这里可以收纳与展示女儿的各种玩具。

一进入女儿甜美温馨的房间，即刻会被墙面上充满儿童元素的壁纸所吸引；此外考虑到女儿玩耍的安全性，在装修过程中选用了天然的实木地板。

为了使女儿房采光和通风达到良好的效果，设计师将房间中的窗户设计成直角的两扇窗，并在窗户周边采取了良好的安全防护措施。

为了充分利用空间，设计师将学习区设置在女儿房中，并在书桌的正上方用木质搁架做成书柜。

女儿房中的一角，一个小巧的挂衣架发挥了巨大的实用功能，上面挂满了女儿的小书包、玩具等小物件。

家中的休闲区不仅是男主人品茗的首选之地，也是女儿的游戏区，她的布偶玩具占据了这里的一角。

无论是洗浴中还是出浴后，都应让空气流动，保证人体正常呼吸功能，这点对儿童尤为重要，因此在浴缸附近设计了两扇窗户，以便加强浴室的通风。

家中的入户花园处设计了一个小秋千，这里常常会充满着女儿的欢声笑语。

楼梯间中造型独特的壁灯以及花鸟装饰画等都会激发儿童的好奇心。

居室设计充分利用了楼梯处的空间，并在这里放置了两把木质沙发，因此这里也成为家中的休闲区域之一。

平面布置图

★户型档案

户型结构：三室两厅

项目面积：138 m²

设计师：蔡昀璋

主要材料：超耐磨木地板、文化石、编织地毯、系统柜、低甲醛乳胶漆等

★业主诉求

家里有一个 4 岁的小正太，小小年纪就对滑板车运动十分感兴趣，在装修新房时，想要给他留出充足的空间来玩耍，因此设计师建议我们在新房装修时，将客厅装修得简洁一些，尽量少用家具，只保留基本需求的家具装饰即可，而居室中的其他空间则可以稍加用心设计；此外由于儿子的玩具很多，我们对新房的收纳需求也很高，因此设计师充分利用了系统柜的优势，将家中的物品收纳得井井有条。

客厅中用低甲醛乳胶漆粉刷，保证了家人的健康；居室中放置的儿童滑板车是儿子的最爱，因此客厅中的家具很少，为儿子的娱乐提供了充足的空间。

电视背景墙的设计很简洁，仅用文化砖搭配整体橱柜呈现，柜面上摆放了儿子小时候的照片，令空间充溢出温馨的氛围。

餐厅中的软装饰主要为照片，体现了其乐融融的家居氛围；此外儿子平时很喜欢在宽大的餐桌上画画，而餐厅与厨房相邻的设计，也方便了在烹饪时照看儿子。

主卧的设计简单，黑白灰的运用，令空间显得整洁而有序。

男孩房的一侧墙面被整体衣柜及收纳盒占据，其中收纳盒里装满了儿子平日喜欢的玩具，这样的放置十分方便拿取。

汽车形状的小床，得到了儿子的倾心，这令他的午睡时光变得轻而易举；地板上的小书架摆满了儿子平时喜欢看的画册，闲暇时光坐在地板上给儿子讲故事，是一件非常幸福的事儿。

家中的书房平日也当做工作室来使用，与客厅之间用透明玻璃做分隔的设计，令狭长的空间显得宽敞、明亮。

卫浴间中既有淋浴，也有浴缸，并与盥洗区做了干湿分离，这样的设计，为日常的清洁生活提供了方便。

衣帽间放置的系统柜收纳功能强大，将家人的衣物做了有效地区分。

3 家有5岁小茉莉

平面布置图

★户型档案

户型结构：三室两厅

项目面积：130 ㎡

设计师：吴献文

主要材料：乳胶漆、哑光砖、复合地板、饰面板、桑拿板、马赛克、墙绘、五彩砖等

★业主诉求

　　家有小女，小名漫琦，今年5岁。她活泼好动，喜欢与天空、大海相同的湛蓝色。为了使她有一个良好的成长环境，我和丈夫决定对整个家庭做一个重新装修。在与设计师充分沟通后，设计师决定以地中海风情家居结合现代装饰手法，打造一个浪漫、自然、舒适、环保、温馨而实用的空间。这样的设计不仅得到了女儿的喜爱，我和老公也十分倾心。

客厅电视背景墙上手绘一棵茁壮成长的小树，寓意着女儿的健康成长；搁物架上的小装饰品，也是平日里女儿的最爱。

将客厅的沙发背景墙塑造成照片墙的形式，并贴满一家三口的照片，让女儿觉得自己是在一个充满幸福的家庭中长大。

主卧室的设计也充分考虑了女儿的视觉感受，背景墙上手绘了一些心愿瓶子，充满了童趣。

将主卧室的阳台地面抬高，并铺设强化复合地板，打造出一个类似休闲区的区域；而随意放置的坐垫则成为女儿沐浴阳光的好去处。

女儿房中放置了实用功能强大的母子床，收纳并展览了女儿很多平时的玩具，而充满童趣的床品则令空间显得非常活泼。

女儿房的一面墙被设置成收纳柜，上面摆满了女儿的玩具，随着女儿慢慢长大，这里也会被一些图书等物体填满。

厨房采用玻璃和木质的推拉门，增加了居室的亮度，也有效避免了油烟的外泄。

湛蓝色的餐厅，描摹出海洋般的气息，增加了女儿在此用餐的食欲。

马赛克瓷砖塑造的淋浴间，用色彩活跃了空间的表情，海星图案的浴帘迎合了女儿的喜好。

居室中的过道搁置了一架电子琴，女儿平日很喜欢在此练琴，而墙面上的儿童元素则为狭小的空间增添了童趣。

4 家有 6 岁俩暖男

平面布置图

★户型档案

户型结构：四室两厅

项目面积：226 ㎡

设计师：苏凯

主要材料：石材、仿古砖、木艺雕刻、壁纸等

★业主诉求

　　家中有两个 6 岁的双胞胎兄弟，兄弟两人的感情很好，经常在一起玩耍，但由于活泼好动的天性，在装修房子时，我首要考虑的问题就是安全性。在和设计师沟通后，设计师建议地砖一定要选择防滑的，家具也尽量选择圆润造型的；此外，由于家中的空间充足，因此还打造了一处入户花园，这里成为兄弟二人平时玩乐的主要场所。

明净的落地窗将自然光和谐地引进客厅，也保证了日常的通风，为孩子营造了良好的家居氛围。

主卧室采用具有膨胀效果的花纹壁纸，来放大空间的视觉感受；阳台上放置的沙发和绿植令居室的氛围显得轻松。

主卧中放置电视，增加了空间的娱乐视听功能。

客卧中藤制座椅与睡床的运用，令空间散发出浓郁的自然气息。

男孩房中为了给两个孩子留出充足的玩乐空间,因而搁置了上下铺的床位;汽车图案的壁纸是兄弟两人共同喜爱的花型。

将餐边柜设置在餐桌旁，既可以帮助收纳，也方便临时的拿取；此外，由于两个孩子平日活泼好动，圆形餐桌的选择有效避免了方形餐桌的棱角对于孩子的磕碰。

卫浴选用了浴缸，方便了两个孩子的日常洗浴，此外防滑地砖的选用，也力求降低孩子出浴时跌摔情况的发生。

书房中的大书柜将家人平日喜爱的书籍进行了有效的收纳，而书房窗户处摆放的简易床，既可以作为平时的小憩场所，也可以作为家中来客的临时睡床。

木质原色吊顶以及摆设其间的花草，令入户花园弥漫着属于自然的新鲜味道；然而这里最令兄弟俩喜爱的是那只巧嘴的鹦鹉，兄弟二人时常来这里教鹦鹉说话。

玄关处的空间很大，这里经常成为兄弟二人玩乐的场所。

家中的走廊欧式氛围浓郁，这体现在精致美妙的罗马柱的运用，此外这里的光线柔和，符合孩子对于光源的需求。

5 家有9岁小公主

平面布置图

★户型档案

户型结构：公寓房

项目面积：130 ㎡

设计师：由伟壮、张喜波

主要材料：饰面板、硅藻泥、马赛克、墙地砖、地板、大理石等

★业主诉求

　　家有小女，小名旖然，今年10岁，是一名4年级的小学生，平时里喜欢自己种植一些小绿植。在去年6月份的时候，我和老公计划将家中重新装修一番。在装修的过程中，我们询问女儿的建议，她告诉我们她希望家里充满温馨浪漫的田园氛围，并且想要自己拥有一个小巧的书桌。为了满足女儿的需求，最终我们选择了田园与地中海混搭的居室风格。

客厅在粉色的色调中显得异常温馨甜蜜，且富有自然的味道；为了迎合女儿的喜好，在客厅中摆满了插花和绿植，为此还专门购买了木质搁架放置在客厅的阳台处，闲暇时，可以和女儿一起为绿植浇水。

色泽清雅的花束，搭配色彩跳跃的马赛克瓷砖，令客厅电视背景墙这一角落散溢着浓郁的清新气息，这样的清新搭配得到了女儿的倾心。

沙发上覆盖的素简条纹棉布和抱枕是与女儿一起挑选的，清浅的色调与居室的整体风格搭配得很和谐。

玄关处简约而不单调，颇具人性化的设计，令换鞋时光变得轻松而便捷；同时这里也是收纳女儿衣帽和包包的完美空间。

客厅一角利用墙面设计出了一个小小的储藏空间，在这里可以放置女儿的收集的一些小玩具，在下面还可以储存一些她平时看的图书。

女儿房中将窗户处打造成学习区，并放置一张与窗台齐平、高的书桌，充分利用了窗台，扩展书桌的利用空间，为女儿提供了良好的学习环境。

在主卧室的背景墙上采用密度板做造型，具有良好的储藏与展示空间，在这里可以摆放女儿的玩具；此外为了女儿的安全，主卧室中选用了环保型实木地板。

橡皮粉的窗帘搭配嫩粉的床品，以及繁花"盛放"的墙纸，共同为主卧室带来无限温情。

恬然温雅的厨房因马赛克瓷砖的加入而显得生动活泼，懂事的女儿常常会在这里帮忙洗菜，做一些简单的家务。

卫浴在装修时听取了女儿的意见，将其塑造得森味儿十足，女儿常说这里就像是爱丽丝的梦游仙境。

6 家有11岁小小男子汉

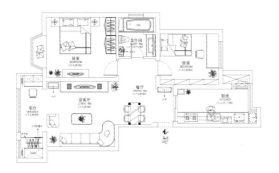

平面布置图

★户型档案

户型结构：两室两厅

项目面积：88 ㎡

设计师：朱超

主要材料：地板、陶瓷、壁纸、乳胶漆等

★业主诉求

　　家有一个11岁的小小男子汉，是一个非常懂事的孩子，平日里十分喜欢看书，在居室装修之前就和我商量，想要一个属于自己的小书柜。在我和设计师沟通居室重装的想法时，也将儿子的诉求表达给了设计师，于是设计师建议不光要在属于儿子自己的小天地里放置书柜，在客厅也可以满足儿子的需求，于是我们单独为他在沙发处搁置了一个边桌，方便他在沙发上阅读书籍的拿取。

客厅背景墙前面的装饰柜上摆放了儿子幼年时最喜欢的几个玩具，这里成为他童年记忆的展示地。

沙发旁边放置了一个边几，这里可以放置儿子平日里翻看的书籍。

餐桌上搁置的绿植，与绿色的墙面，以及花色缭绕的餐桌布，共同为这个小空间带来清新的氛围。

橡皮粉的窗帘搭配嫩粉的床品，以及繁花"盛放"的墙纸，共同为主卧室带来无限温情。

男孩房中邻近窗户的一侧放置了一个整体书桌，这里是儿子平日学习看书的主要场所；旁边的一侧摆放了衣柜和书架，书架上摆满了儿子平日里喜欢的的书籍。

厨房呈"一"字形的设计，既节省空间，又令空间呈得整齐利落。

卫浴间面积不大，却拥有良好的通风；此外洗手台的造型不仅美观，也拥有着实用的收纳功能。